安全第一

反"三违" 查隐患
防事故 抓整改

张安顺 王松松 王运峰◎编著

ANQUAN DIYI

FANSANWEI CHAYINHUAN FANGSHIGU
ZHUAZHENGGAI

U0209100

人民日报出版社

图书在版编目（CIP）数据

安全第一：反"三违" 查隐患 防事故 抓整改 /
张安顺，王松松，王运峰编著. --北京：人民日报出版
社，2022.5

ISBN 978-7-5115-7325-4

Ⅰ.①安… Ⅱ.①张… ②王… ③王… Ⅲ.①企业安
全–安全生产–研究 Ⅳ.①X931

中国版本图书馆 CIP 数据核字（2022）第 053527 号

书　　名：安全第一：反"三违" 查隐患 防事故 抓整改
ANQUAN DIYI：FAN "SANWEI" CHAYINHUAN　FANGSHIGU　ZHUAZHENGGAI

作　　者：张安顺　王松松　王运峰

出 版 人：刘华新

责任编辑：刘天一

封面设计：陈国风

出版发行：人民日报出版社

地　　址：北京金台西路 2 号

邮政编码：100733

发行热线：（010）65369527　65369846　65369509　65369510

邮购热线：（010）65369530　65363527

编辑热线：（010）65369844

网　　址：www.peopledailypress.com

经　　销　新华书店

印　　刷　北京柯蓝博泰印务有限公司

开　　本：170mm×240mm　　1/16

字　　数：200 千字

印　　张：13

版次印次：2022 年 5 月第 1 版　　2022 年 5 月第 1 次印刷

书　　号：ISBN 978-7-5115-7325-4

定　　价：59.80 元

前言 Preface

任何企业的发展壮大，都离不开安全。

没有安全，所谓质量、效益、信誉、口碑等，就都失去了意义。不难想象，一个经常违章、隐患众多、事故频发的企业，根本无法维持生产经营的秩序，又怎么能够实现稳中求进，怎么能够保障员工的生命财产安全呢?

尽管诱发安全事故的原因很多，表现形式也不尽相同，但究其深层次的原因，无外乎是人的主观因素和外部环境因素。而侥幸心理、经验主义、麻痹思想、粗心大意、鲁莽行事……这些，都是在人的主观意识和思想影响下产生的，哪一个都是安全生产的大敌，哪一个都是埋在生产经营各环节的一枚枚"定时炸弹"，一旦积累到一定程度，突破了由量变到质变的底线，那么，各种各样的安全事故就会纷至沓来，防不胜防。

在安全生产的整个过程中，人是最关键、最活跃的因素。如果说"天灾"是意外，甚至是无奈，那么，生产事故中居于大多数的"人祸"，可就有着一千个、一万个不应该了，因为"天灾"难免，"人祸"却可防。

违章指挥，违章操作，违反劳动纪律，这"三违"中的任何一个，都源于从业人员的不安全意识和习惯，违反了任何一条，都有可能导致事故发生。但是，这其中的任何一个，又都可以通过改变人的安全意识和操作习惯而避免。

安全风险和隐患，包括明显的和潜在的两种，明显的容易被察觉和及时排除，潜在的容易被忽略，相对难以被发现和排除。但是，明显也好，潜在也罢，只要我们有足够的敏感意识和责任意识，认真排查，深挖细找，它们都会无所遁形。

我们无法改变事故，但我们能够预防事故。这一切，需要我们从增强安全意识、改变安全习惯入手。其中最关键的因素，是我们的态度和意识，因为思想决定行动，态度决定成效。

总之，只要我们有责任心、有防范意识、有防范技能、有严谨作风，"三违"可免、隐患可除、事故可防。

本书以"安全第一"为着眼点和落脚点，重点从反"三违"、查隐患、防事故、抓整改四个方面展开表述，从多个角度、多个方面详细阐述了"三违"的危害、排查隐患的重要性、预防事故的要领以及狠抓整改提升的技巧，运用大量的案例和观点引导企业员工牢固树立安全意识、提高安全技能、远离违章以防范事故发生，逐步实现从"要我安全"到"我要安全、我会安全"的转变，进而影响激励广大员工共同呵护安全生产和生命财产安全。

目录 Contents

第六章　提高安全技能，筑牢安全"基石"

第七章　强化安全意识，防范事故发生

第八章　好习惯是安全之基，确保安全生产

第一章

安全是生命之本，安全没有终点

安全是企业稳定发展的基础和保障，没有安全，企业生存发展将成为"无根之木"和"无源之水"。安全离不开管理者和员工思想上的重视和行动上的自觉。生命无价，安全为要，让我们共同用安全行为为生命筑牢坚实屏障。

1. 最珍贵的是生命，最幸福的是安全

"人最宝贵的是生命"，这是世界名著《钢铁是怎样炼成的》主人公保尔·柯察金说的一句话。"平安是福"更是大家耳熟能详的俗语。人如果因为事故和灾难失去了生命，一切都将化为尘土，归于尘埃。

我们上班工作是为了什么？从狭义角度看，是为了生存，为了维系家庭生活；从广义角度来讲，是为了创造财富，实现自我价值。无论从哪个角度看，我们都应当把安全生产和生命安全放在首位，否则一切都将失去意义。

☆ ☆

某市化工厂发生一起爆炸事故，事故致使67人受伤，21人死亡。事故的起因是维修疏忽导致气体泄漏爆炸，这一事故发生后在社会上引起广泛关注。后来警方披露了事故经过：该化工厂每月2日为保证生产安全进行管道安检和维修，在事发当月2日检修过程中，检修工因为着急下班和朋友聚会而遗漏了对两处运输管道的检查，而当晚的值班人员也没有及时查看显示室内气体浓度仪器上的数值，气体通过被腐蚀的管道不断向外泄漏，最终因浓度超标导致爆炸，造成了严重的后果，该公司负责人和涉事人员也因此受到法律的制裁。

☆ ☆

生产事故的发生为我们敲响了警钟，而对安全生产的保障与思考才是警钟长鸣的意义所在。化工厂爆炸事件让我们看到了其安全生产中存在的问题。一是安全意识不够。很多事故的发生往往都是一个小问题导致的，比如，检修遗漏、不当操作机器等。出现这些问题的根本就是没有时刻保持安全意识，危险有了可乘之机。安全记在心，平安走天下。如果检修员能够按照要求认真完成工作，也许结局就会大有不同。二是责任意识不强，化工厂爆炸事故中值班人员没有及时查看浓度监测表反映了责任意识不足。三是保障措施不足。企业生产需要防范的危险是方方面面的，保障措施也应该是不断更新完善的，小到安全检查，大到设备换新，这些安全硬实力要同软实力一起前行。保障措施需要贯穿于生产前、生产中和生产后全过程。生产前的保障措施主要包括工作预案制定、召开班前会、作业环境分析、生产工具检查、相关物料准备与检查、员工防护用品配备等，生产中的保障措施主要包括设备运行监测、仪表检查检修、员工防护用具规范佩戴情况，生产后的保障措施主要包括生产后的总结分析、设备关停情况以及工具规范存放等。每个步骤、每个环节、每项措施都要规范、细致和全面。

无论是企业管理人员，还是普通员工，都要深入思考一个严肃而重要的问题：安全生产是为了谁？搞清楚这个问题有助于我们在思想上和行动上时刻绷紧安全这根弦，引导每名员工关心安全、懂得安全、远离事故、珍爱生命。

安全生产是为了自身。作为企业员工，生命和健康是属于自己的，别人无法取代。员工既是劳动者，也是安全生产最直接的受益者。在从事生产工作过程中，员工应该时时处处注意安全生产，严格按照安全生产标准和流程规范作业，防止因违规操作而产生安全事故。

安全生产是为了同事。每个企业都是一个或大或小的团体，企业生产经营活动离不开团体的精诚合作和携手共进。员工在生产过程中注重自身安全的同时，还要把同事的安全放在同等重要的位置。保证自己不受到伤害，也要注意保护别人不受到伤害，真正做到"企业是我家，安全你我他"。

安全生产是为了家人。员工不仅是企业生产的主力军，更是家庭的希望和寄托。员工在上班的时候，要谨记家人都在盼望你平平安安地回家。员工个人的健康安全，不仅是自己珍爱生命的需要，也是家庭和谐、幸福、平安的重要维系和保障。

安全生产是为了企业。一个没有安全保障的企业，就不能很好地生存，也无法健康地发展，更遑论质量和效益。企业的安全，不仅仅是企业管理人员的责任，同样也是每名员工的共同责任。企业安全生产规范有序了，经济效益好了，员工的生活水平才能得到更有力的保障。

安全生产是为了社会。企业的生产经营活动，能为经济增长做贡献，为社会积累财富。企业只有以安全、规范、有序的生产活动为前提，才能生产出更多更好的产品，满足社会民生各领域的需求；有了安全生产做保障，才能更好维护社会的安定和谐。企业在履行社会责任、积累社会财富过程中，需要以安全生产为基础。《中华人民共和国安全生产法》（以下简称《安全法》）第一条开宗明义："加强安全生产工作，防止和减少生产安全事故，保障人民群众生命和财产安全，促进经济社会持续健康发展。"

生命无价，安全第一。注意安全就是关爱生命，员工须时时遵守安全流程、规范操作、做好防护，用自身的安全来保障同事、家人、企业和社会的安全。

2. 安全第一，行为决定安全

安全事故的报道和案例，每一起都让人痛心不已。事故表现形式是多种多样的，但究其根源，多数是因为忽视安全生产、行动消极怠慢而引发的。

☆☆☆☆☆☆☆☆☆☆☆☆☆☆☆☆☆☆☆☆☆☆

模具压制车间有位女工周某，她在车间内发现一个车床紧固螺丝松动，为了保证生产线流畅，周某竟然在没有断电停机的情况下，用手去拧松动的螺丝，恰巧这天周某没有按照规定佩戴安全帽，导致头发被卷进车床中。其他工友发现后赶紧跑过来，慌乱之间，竟然直接从后面抱住周某往外拖，等班组长断了电源后，周某的头发和头皮已经被扯下大半。周某因伤势过重，被送进医院进行抢救。

☆☆☆☆☆☆☆☆☆☆☆☆☆☆☆☆

该事故产生的直接原因就是周某违章操作，而后她的工友又连续违规操作，导致后果越发严重，这种员工行为上的随意和失当，极容易导致安全生产事故。如果该案例中的周某在发现车床螺丝松动后，及时断电停机，用工具紧固螺丝，处理完毕后再开机，或者她规范佩戴了安全帽，都能有效避免事故的发生。再退一步讲，当工友发现周某的头发被卷入车床后，如果能够及时断电停机再进行施救，也能降低事故的严重程度。遗憾的是，整个事故中，周某本人和工友的行为都是失当的，才最终导致了严重的后果。

在安全生产中，无论事大事小，员工都要认真对待，无论何时何地，都不能有麻痹松懈思想和侥幸心理。在工作岗位上，做出任何行为之前，都要提前想想，怎样做才合理合规，才不会有安全隐患，怎样做才会有更高的效率，如果行为不安全，将会产生什么样的后果。

尽管员工所从事的行业不同，但都离不开行为安全这个重要保障。安全防护用品佩戴不规范、前期风险预估不足、安全防护设施不齐全、员工个人防护意识差、作业施工不按规程操作，甚至管理人员为追求利益而偷工减料，这一系列不安全行为，都是一枚枚隐藏着事故隐患的"定时炸弹"，稍有不慎就会"引爆"。所以，要减少产生不安全行为，避免安全事故发生，企业管理人员首先要增强安全意识观念，员工要增强自律意识和责任观念，熟悉掌握安全生产规范和流程，严格执行安全生产有关规定要求，每个环节都坚持做到规范操作。同时，还要加强对不安全行为的惩罚力度，员工出现不安全行为，要视情况给予相应的处罚，而不能听之任之、视而不见。

☆☆☆☆☆☆☆☆☆☆☆☆☆☆☆☆☆☆☆☆☆☆☆☆

2017 年 8 月 22 日晚，某化工厂操作工人张某在脱砷反应器工位操作期间，发现反应器压力无法通过仪表阀门进行有效调节，于是打电话叫来仪表维修工谷某。谷某来到现场，在没有询问工程技术人员管道压力大小以及内部燃料性质的情况下，就贸然打开阀门盖进行检查，发现阀门处并没有介质溢出，判断可能是阀门堵塞导致无法调节和仪表失灵。于是谷某关闭了两侧的导淋阀门，在没有佩戴安全带和安全帽的情况下，直接通过罐侧的攀梯登上罐顶，想打开顶端的阀门法兰装置排除阀门堵塞故障。结果法兰刚一打开，就喷出大量氢气引起爆燃，爆燃产生的巨大气浪瞬间把谷某从罐顶推到地上，造成其重伤。

☆☆☆☆☆☆☆☆☆☆☆☆☆☆☆☆☆☆☆☆☆☆☆

　　这是一起因员工不安全行为引发的事故。压力装置检查检修、维修工必须按照操作规程，事先向其他相关技术人员询问故障的具体位置、管道的介质以及压力大小等相关情况，如果不掌握这些情况就盲目判断和不安全操作，很容易产生不可预知的危险。另外，谷某无视安全操作规定，在登上罐顶时没有佩戴安全防护用品，是不安全行为的典型表现，也导致了事故的发生。可见，员工的不安全行为是多么可怕。

　　安全第一，行为决定安全。安全生产，需要企业管理者和员工共同遵守安全生产规程，通过自律、他律和行业管理等多种措施进行规范和约束，用实际行动共同筑牢安全生产的坚固防线。

3. 事故隐患在身边，一举一动保安全

作为企业，很多小的隐患如果不及时发现，或发现后掉以轻心，就很容易造成安全生产事故。很多安全生产事故都是从最初的小隐患慢慢积累而逐步酿成的。

"谨小慎微"这个成语，被好多人赋予了贬义，用它去形容没有胆识和魄力，做事亦步亦趋，难成大事的人。但在安全生产中，"谨小慎微"是十分必要的，尤其是企业负责人和员工，在生产经营过程中，如果做事不认真、不严谨、不细致，就很容易因小失大，甚至会造成不可挽回的损失。

☆☆☆☆☆☆☆☆☆☆☆☆☆☆☆☆☆☆☆☆☆☆

2015 年 6 月 18 日，某棉纺厂消防工程施工人员在厂区棉包车间安装消防喷淋设施，他用冲击钻在墙壁上打孔，每打好一个孔就拽一下电线，结束的时候电线卡在棉包缝隙中，因用力过猛，电线被拽断，形成短路着了火。等这名安装工发现火情的时候赶紧救火，但因为不会用灭火器，他慌了手脚，也没顾上及时报警。后来其他员工发现后报警，等消防救援队赶到时，火势已经控制不住了。尽管消防救援队出动了 3 辆消防车和 20 多名消防队员全力扑救，但最终还是导致价值 700 多万元的数十吨棉包化为灰烬，车间厂房也倒塌了。这场事故造成直接经济损失 1300 多万元。

☆☆☆☆☆☆☆☆☆☆☆☆☆☆☆☆☆☆☆☆☆☆☆☆☆☆☆

这场事故的原因，一方面是安装工在施工过程中，没有意识到"拽电线"这个看似简单的动作会导致如此严重的后果，不注重自己的一举一动，最终酿成事故；另一方面，他自己在救火过程中，因为不会使用灭火器，没有及时扑灭燃烧点，并且因未及时报警耽误了救援时机，致使大火蔓延下去。

现实中，因员工不注重细节引发事故的案例不在少数。这类员工往往把安全放在嘴边，但在真正的行动上却并不注意。有的员工在工作期间随地丢烟头，有的员工高空作业不系安全带或不佩戴安全帽，有的员工在维护检查灭火器时，嫌麻烦不认真检查而只是填填维护记录表，有的女员工在车间工作时长头发不束起来……这类不注重安全的行为，在某些员工身上已经成为一种习惯，习惯久了就会不以为意，他们会认为这些都是小事一桩，是不会引发安全事故的。然而正是这些思想上的大意和行动上的随意，给生产埋下了安全隐患。

企业生存和发展的目标是创造经济效益和社会效益，安全生产是重要的基础和保障。生产过程中，员工一个细微的不规范行为，都可能引发或大或小的事故，破坏企业稳定有序的安全局面。一桩桩因小失大的案例警示大家，抓安全生产，员工自身的细微行动马虎不得，企业对员工的行为引导放松不得。现实中，员工一定要破除"不拘小节"的错误思想认识，更不能把管理人员和工友们的善意提醒和纠正当作耳旁风，而应该时时树牢安全生产必须"小题大作"的思想理念，一旦自己发现或被他人指出行动上的不妥之处，应及时停止违规操作，保证企业安全生产稳定有序进行。

很多企业因工作需要，制定的安全生产规程和标准要求往往比较细致，甚至比较烦琐，但这些看似烦琐的规程和要求，恰恰是企业生产必须要做到的。员工必须严格细致地按照这些规程和要求去执行。安全生产是人命关天的大事，只有思想上真正重视了，行动上真正注意了，安全生产的链条才会编牢，防控网络才会织密，安全生产秩序才会得到保障。

"多米诺骨牌"这种游戏大家都知道，就是将许多长方形的骨牌竖立排列，轻轻推倒第1张牌时，其余骨牌将依次纷纷倒下。后来，人们用"多米诺骨牌效应"指一系列的连锁反应，即"牵一发而动全身"。事物之间都有关联，它们的演变过程是由此及彼的。一个安全帽没戴好、机器上一个螺丝松动了、钢丝绳断了一根细钢丝，这些看似微乎其微的小问题，如果不注意及时改正或维修，就容易产生一连串的连锁反应，直至一步步不可控地发展造成严重后果，这类行为上的因小失大，正是"多米诺骨牌效应"在安全生产领域的体现。

人们常说：细节决定成败。企业员工的"谨小慎微"，能够及时制止违章操作，避免发生事故。所以，员工在平时生产中不要放过每个薄弱环节，时刻注意每个看似微不足道的细节，思想上不大意，行动上不大意，从小处着眼、细处着手，防患于未然。只有这样，才能有效保障安全。

4. 安全行为要自律，更要提醒身边人

在安全生产领域，自律强调的是管理者和员工要认真遵守生产规范，经常进行自我管理和自我约束。在此基础上，还需要律他，即对身边人经常进行提醒，只有这样，才能构筑起人人自觉、个个防范的工作格局。

在企业生产中，通过教育引导和培训，让员工的自律性和自觉性不断增强，在内心深处把"要我安全"转化为"我要安全"，体现在行动上就是时时处处严格遵守生产规范，不违规操作。

律他的原动力来自责任心，是关心爱护同事的体现。有责任心的员工，会把企业当成自己的第二个"家"，而他们也会把同事看作自己的"家人"，在平时的工作中，会互相提点、互相照顾，共同防范化解各种隐患和不利因素，维护企业安全、稳定、有序的生产经营秩序。

☆☆☆☆☆☆☆☆☆☆☆☆☆☆☆☆☆☆☆☆☆☆☆☆☆

周明（化名）是某市机械厂车间主任，在该厂工作已17个年头，他一向以严谨细致、严格自律而受到领导的好评和工友们的尊重。17年间，周明从普通工人到车间主任，一直都非常爱岗敬业、恪尽职守，有着极强的自律能力，工作期间从来没有出现过差错。2018年12月中旬的一天，周明正在值夜班，突然接到妻子的电话，原来是妻子患急性肠炎，疼得满头出汗，打电话让周明回家。周明说，现在自己正值夜班，设备需要巡检，有5条关键生产线离不开人，嘱咐妻子联系其他家人带领去医院。一旁的工友劝说周明赶紧回家照顾妻子，短时间内车间不会有事情，周明坚定地说："现在是工作时间，我不能擅自脱岗。"结果周明在巡检设备时，果然发现一台车床齿轮转速不均匀，经过仔细检查，发现其中一个轴承坏了几颗钢珠。周明及时停电关机，迅速换上备用轴承，使机器重新正常运转。要知道这种情况如果得不到及时处理，极容易出现流水线半成品出槽异常，严重时会使车床产生断轴事故。这件事后来在厂里传开，同事们非常钦佩周明，厂长专门在全体员工大会上表扬了他。

☆☆☆☆☆☆☆☆☆☆☆☆☆☆☆☆☆☆☆☆☆☆☆☆

周明正是以强烈的自律意识和责任心，坚持没有脱离岗位，才及时避免了一场事故的发生。

☆☆☆☆☆☆☆☆☆☆☆☆☆☆☆☆☆☆☆☆☆☆☆☆

王某是某市造纸厂打包车间员工，平时爱吸烟，并且烟瘾较大。2017年5月14日，正值工作时间，王某知道厂区和车间不允许吸烟，就到卫生间偷偷吸。吸完一支后，工友有事喊他，王某赶紧把没来得及掐灭的烟蒂丢进厕纸篓里，准备出去。恰巧这时另一位工友来到卫生间，发现了王某丢到纸篓里的烟蒂。赶紧叫住了王某，说烟蒂没灭，很容易失火。王某这才意识到问题的严重性，赶紧把烟蒂拿出来，熄灭后才走出卫生间。

☆☆☆☆☆☆☆☆☆☆☆☆☆☆☆☆☆☆☆☆☆☆☆☆

试想，如果当时没有工友及时发现并提醒，那支未熄灭的烟蒂就很有可能引发一场火灾事故，这家企业又是服装加工企业，车间内都是易燃品，如果发生火灾，后果会多么严重。

　　在企业安全生产中，自律的广大员工是企业稳定发展的中坚力量。员工只有出于为企业发展和自身安全的双重考量，做到自律和律他，整个企业的生产流程才会井然有序，才能有效减少或避免问题和隐患的产生。

　　企业管理层和一线作业员工，在安全生产方面的自律和律他，不仅是一种责任和义务，更是一种诚信和高尚的道德品质。企业上下都能坚持做到自律和律他，能够有效保障自己不被伤害和让他人不受伤害，这是对生命的一种敬畏和负责。

5. 不让坏情绪放任不安全行为

　　企业发生安全事故，有很多是人为因素造成的，其中又有一些是员工的不良情绪导致的。员工情绪管理是个系统工程，除了员工自身要学会理性控制、调节自我，其他人的疏导和环境影响也很重要。基于此，企业员工管理，要坚持以人为本的理念，帮助员工进行情绪管理，不让员工把平时存在的压力、不快等坏情绪带到工作中，引发不安全行为。

☆☆☆☆☆☆☆☆☆☆☆☆☆☆☆☆☆☆☆☆☆☆☆☆☆

　　宋某是某市鞋厂技术员，平时家庭关系不和谐，经常和妻子因各种琐事闹矛盾。每次吵架后，宋某都非常气愤和懊恼，他也时常把这种情绪带到工作中。这天早上，宋某临上班前，又因为接送孩子上学的小事和妻子大吵一架，之后就气呼呼地摔门上班去了。他在拿工具检修锁边机的时候，还在想着和妻子吵架的不愉快事情。宋某越想越气，在检修机器的时候无法集中精力，结果因为一组比较关键的断电保护电容元件没有固定好，机器开动的时候，机器打火连电，不仅导致这台锁边机出了故障，还导致相邻的另外五组锁边机也同时被烧坏，造成直接经济损失60多万元。

☆☆☆☆☆☆☆☆☆☆☆☆☆☆☆☆☆☆☆☆☆☆☆☆☆

　　宋某的案例表明，员工如果不善于管理自己的情绪，让自己的坏情绪影响自己的理智，就容易导致安全事故的发生。员工的情绪管理应引起企业的充分关注。

影响员工情绪的因素是多方面的，大概有以下四种。

环境影响。员工工作环境中的灯光、温度、湿度、噪声、颜色氛围等物理环境，都会影响员工的情绪。相对舒适、温馨、安静的环境有利于员工产生身心愉悦的感受，会激发他们产生积极的情绪；相反，如果环境杂乱无序、温湿度不适、噪声大，则会让员工产生烦恼不安的负面情绪。

工作性质影响。工作环境可以通过人为干预方式进行改善，但工作性质相对难以改变。由于工作性质和行业分工不同，员工产生的情绪反应也会有所差异。比如，生产一线的员工，每天面对高强度、重复性的工作，就难免产生厌倦和懈怠思想。如果是以脑力劳动为主的工作，虽然没有体力上的劳累，但用脑费神、工作结果的不确定性等因素，也容易引发员工的负面情绪。

心理环境影响。这方面主要指的是员工的性格特点以及在工作中的交际需求。有些员工性格内敛，情绪相对稳定，有些员工性格急躁，容易做事情绪化。还有平时交往中，员工之间、员工与领导之间的心理影响和暗示，也会不同程度影响到员工的情绪。当员工的心理环境与自己的预期相匹配时，就会产生积极的情绪，如果心理环境与预期有差距，则容易产生坏情绪。

生活环境影响。每个员工都有自己的家庭，有的家庭和谐融洽，有的矛盾频发。员工处于和谐的家庭生活环境中，平时的情绪就会比较稳定，做事也比较理性淡定。相反，如果员工经常处于不融洽的家庭生活环境中，就容易滋生暴躁、偏执、愤怒、哀伤、恐惧等负面情绪，如果把这些坏情绪带到工作中，就容易产生不安全行为，诱发安全事故。

思想决定行动，情绪影响行动。人总是被各种各样的情绪伴随，不同的情绪会对学习、生活和工作产生不同的影响。作为员工，在情绪愉快积极的时候，他会积极主动快乐地工作，工作效率也会比较高；而当员工的情绪处于低谷时，就容易失去理智，出现不安全行为，给个人和企业安全都带来不良影响。所以，员工情绪管理非常重要。

如何调整员工情绪，避免员工把负面的情绪带到工作中去，是许多企业管理者需要学习的功课，那么企业管理者可以有哪些做法呢？

管理者要善于发现管理员工情绪。企业管理人员平时要多和员工交流，倾听他们的意见和呼声，了解关心他们的家庭、生活、工作中的现实困难，并积极解决或创造条件解决，让员工时时处处感受到理解、关爱和尊重，同时要多换位思考，对员工多体谅和理解。

加强培训和引导。企业管理层在工作中，可有计划地安排一些培训、参观体验或文娱活动，让员工学习掌握控制情绪的技巧，提高自我情绪调控的能力，在产生不良情绪时，有更多方法和渠道进行调适和排遣。

营造良好的工作氛围。企业员工上班时间可能比在家里的时间还要多，在这种情况下，企业管理人员要积极营造一种整洁有序、温馨和谐的工作环境，让员工的工作环境有一种家的温暖，让员工感受到企业不仅是维持生计的场所，也是一个和谐温暖的大家庭。这样，员工的情绪也会比较稳定。

在安全生产中，员工有坏情绪属于正常现象，只要能进行理性调适，找到适当的释放点，让坏情绪尽快平复，就会避免因为坏情绪而影响工作，从而导致事故发生。

6. 安全管理创新，为员工安全生产保驾护航

企业的安全生产，员工的人身安全，需要企业的安全管理必须主动适应新形势，把握新规律，在不断地与时俱进和创新发展中，为企业安全和员工生产安全保驾护航，最大限度地减少事故发生，促进企业发展、员工安全和社会和谐。

近年来，很多企业为了增强自身竞争力，提高安全管理水平，都在积极探索安全工作新方法、新途径，坚持探寻和创新班组管理的措施和方法。在不断地研究、探索和尝试中，很多企业创造了独具特色的安全管理创新新模式、新经验和新亮点。

☆★☆★☆★☆★☆★☆★☆★☆★☆★☆★☆★☆★

走进某建设集团公司项目部会议室，墙壁上的巨型监控电子屏幕格外醒目。屏幕上，整个企业各个部门、班组、车间和岗位的现场情况都一览无余，尽收眼底。在会议室内，该公司每天分3个组，明确6个专人无缝交接，密切监视公司所有生产行为，一旦发现问题，立即上报，立即处置。这是该公司创新安全管理模式的一个缩影。

该公司在安全生产管理中，积极探索，大胆革新，改进监管手段，通过"望""闻""问""切"加强工程项目安全管理，多措并举保障了项目工程的安全生产。"望"即追求"操作零违章、违章零容忍、整改零滞后"目标；"闻"即通过企业"安全管理动态监管群"实时晾晒工作情况，随时掌握项目安全生产状况；"问"即公司定期联系市应急管理部门，派出专人来公司进行指导服务，实现安全管理心中有数；"切"即企业每天组织4个专班，到企业生产一线开展巡回式安全监管，做到"带着问题来督导，分析症结抓整改"。

☆☆☆☆☆☆☆☆☆☆☆☆☆☆☆☆☆☆☆☆☆☆☆☆☆

　　该公司在安全管理方面创新实施的"四诊法"产生了良好管理效果，促使企业全体人员养成了安全好习惯，企业上下"懂规程、知风险、能防范、会操作"的安全氛围日益浓厚。安全管理工作对于企业而言，是一项重要而迫切的工作，在实践层面，企业要想实现管理创新，保证生产安全和员工工作安全，需要管理人员树立创新意识和与时俱进理念，根据形势的发展变化，针对本企业在生产经营中存在的新情况、新问题，找准关键点，选好突破口，必须在创新中对各项制度机制进行发展、丰富和完善，确保企业安全运营，员工安全工作。具体工作中，要做到以下几点。

　　（1）依法依规，创新管理体系。企业的管理体系建设是建立在国家法律法规基础上的，因此，企业在管理体系建设上，不能违背法律法规的有关规定。但也正因如此，有些企业在管理体系建设中，唯恐违了法、乱了纪，导致管理体系僵化刻板。其实，法律法规不是对管理体系建设的束缚，而是一种规范和引导，企业在管理体系建设中，固然要以法律法规为准绳，但同时也要认识到法律法规也是鼓励引导企业进行创新的，这就需要把握一个度，要在法律法规的指导规范下，建立、健全适应新形势发展要求的安全生产管理制度，要根据市场发展和企业发展需求，依法建立、健全各级安全生产机构，整合优势资源，形成科学严密的安全生产管理网络。同时，要依法强化安全监督管理，加大奖惩力度，规范生产管理。在规范中求创新，在创新中求高效，是一个成功的企业应该具备的战略思维能力。

（2）转变观念，创新管理方式。企业管理者的思想观念，对于企业管理方式有直接的影响。如果企业管理人员具备与时俱进的思想观念，就有助于他们主动适应新形势、新要求，积极谋求管理方式的创新求变。在管理方式创新方面，企业要重点实现从"亡羊补牢"式的被动型管理向"未雨绸缪"式的主动型管理转变。同时，要实现由经验型管理向技术型、专业化管理转变，这也是适应时代要求、实现高效管理、提高企业核心竞争力的重要渠道。

（3）加强研究，创新管理制度。安全生产管理工作的重点在基层，在一线。因此，基层一线管理制度创新是企业实现宏观管理到微观管理互补互促的重要渠道。现代企业的发展，越来越强调员工实现"要我安全"到"我要安全、我会安全"的转变，并形成良好的自我约束和自我激励工作机制。鉴于此，企业在基层一线管理方面，要改变因循守旧的理念，积极采用先进、科学的安全管理方法，注重变被动为主动，积极改善员工的工作环境、卫生条件等，避免发生各类安全事故。

（4）科技支撑，创新管理手段。科技是第一生产力。现代企业的竞争多是科技方面的竞争，企业要想提高市场竞争力，在市场竞争中脱颖而出，需要紧密依靠科技进步的力量去推动，从产品设计、生产工艺、生产设备、核心技术等方面大力创新，把安全生产的各个环节都融入科技因素，推广先进技术，淘汰落后产能，提高生产效率和安全水平。

（5）"以人为本"，创新安全文化。现代企业安全文化是企业核心价值理念的集中体现，也是企业实现本质安全的重要保障。在任何时期，企业都要注重安全文化建设，尤其在当今企业发展呈多元化态势的形势下，更迫切需要企业在创新安全文化方面做足功课。在企业安全文化创新方面，要重点利用现代信息技术手段，比如，微信、微博、公众号等，广泛宣传普及安全知识。在具体操作过程中，企业安全文化的形式和内容，也应根据形势的变化，不断创新。

7. 安全工作只有起点，没有终点

　　安全生产是一个需要久久为功、长期坚持的课题，它伴随着经济社会的发展永恒存在，只有起点，没有终点。安全工作需要从企业自身抓好顶层规划做起，依靠全体员工自觉落实践行，同时还需要依靠社会监督、新闻监督和法律约束等多种手段合力促进，全社会共同推动安全工作责任的落实，用实实在在的行动维护企业稳定有序发展，维护广大员工的生命财产安全。

　　随着形势的发展变化，安全工作会经常面临诸多新的课题和挑战，会随时出现很多新问题、新矛盾，可以说任重道远，不可能做到一劳永逸。因此，要建立健全长效机制，常态化做好隐患排查和安全防控工作。

　　建立安全生产长效机制，需要强化领导责任。火车跑得快，全靠车头带。企业管理者是一个企业的"当家人"，他们的思想理念和行为习惯事关企业的整体作风和效率。同时，企业负责人还是安全生产的第一责任人，在组织推动企业健康有序发展过程中，企业负责人要一马当先，率先垂范，带头研究制定一套行之有效的安全生产管理流程和规范并模范执行，只有这样，才有足够的公信力和影响力，团结带领全体员工共同遵守规范和流程，推动安全生产。生产经营活动的主体是企业自身，安全生产措施的落实者是企业全体管理人员和员工，在安全生产责任制落实中，企业务必要主动承担并落实好主体责任。

建立安全生产长效机制，需要形成社会合力。《安全生产法》第三条第二款和第三款规定："安全生产工作应当以人为本，坚持人民至上、生命至上，把保护人民生命安全摆在首位，树牢安全发展理念，坚持安全第一、预防为主、综合治理的方针，从源头上防范化解重大安全风险。安全生产工作实行管行业必须管安全、管业务必须管安全、管生产经营必须管安全，强化和落实生产经营单位主体责任与政府监管责任，建立生产经营单位负责、职工参与、政府监管、行业自律和社会监督的机制。"该条款对企业、职工、政府、行业和社会等各层面的职责义务进行了明确规定，需要全社会共同监督落实好、执行好。企业本身是安全生产责任的执行者，行业管理部门和社会各界则是安全生产管理的监督者。这就要求各相关部门务必提高政治站位，强化责任意识，根据各自的职能分工，做到分工协作、密切配合，共同推动企业安全生产各项措施的落细、落实、落小。

建立安全生产长效机制，需要健全考核评估体系。《安全生产法》第二十二条规定："生产经营单位的全员安全生产责任制应当明确各岗位的责任人员、责任范围和考核标准等内容。生产经营单位应当建立相应的机制，加强对全员安全生产责任制落实情况的监督考核，保证全员安全生产责任制的落实。"该条款明确了生产经营主体所担负的监督考核任务，这是企业加强自身建设，提高安全生产水平进行自我检视、自我提升的重要手段。同时，属地政府和行业监管部门也要根据工作需要，加强对企业的监督考评，通过坚持经常的监督检查和考核评比，让企业生产经营的每个环节都沿着规范、安全、紧张、有序的轨道前行，确保不偏离方向、不违规操作，只有这样，才能引导企业管理人员和全体员工时时绷紧安全生产这根弦，处处做到遵守规程、规范操作，有效避免各类安全事故的发生。

　　安全工作只有起点，没有终点。发现问题隐患才重视、出了事故再亡羊补牢、上级来检查时才临时突击整改，这些做法都容易导致安全事故产生。要建立健全长效机制，时时处处把安全放在首位，把功夫下在日常，经常排查、经常警示、经常整改，最大限度保障安全。

第二章
杜绝"三违"行为，阻断事故源头

在安全生产领域，"三违"行为是埋藏在企业内部的"定时炸弹"，是安全事故产生的"温床"。有些企业管理人员和员工受思想和习惯影响，"三违"行为频频出现，各类事故也往往会"如影随形"。这些问题应引起充分重视。

1. 侥幸心理不可有，习惯违章必出事

"安全第一"这句口号经常被人提起，其中的道理并不深奥，但现实中，仍然还会有这样那样的事故发生，原因就在于一些员工只是把安全生产放在口头上，思想上并不真正重视，行动上也不规范执行，而是被一种侥幸心理驱使，觉得"那些事故不会发生在我身上，不会因为我一个小小的员工而引发"。在这种侥幸心理主导下，员工容易产生思想上的漠视和行动上的大意，为安全生产埋下隐患，产生的后果不容低估。

☆☆☆☆☆☆☆☆☆☆☆☆☆☆☆☆☆☆☆☆☆☆☆☆☆

王某是某水泥厂资深包装工，在该厂已经工作 23 年，2017 年 9 月 10 日下午，王某进行倒料作业。机器打开后，因料比较潮湿，卡在料斗中下不去。王某觉得自己是老员工了，以前这种情况也经常遇到，就按照以前的做法找来一根钢管，站在输送机上敲打料斗的底部，但不起作用。王某就用钢管戳料斗中的料，突然钢管被料斗下方的旋叶搅住，王某手没把住，钢管随着旋转，正打在王某的左眼上，工友紧急把他送往医院，最终王某左眼失明。

☆☆☆☆☆☆☆☆☆☆☆☆☆☆☆☆☆☆☆☆☆☆☆☆☆

王某的案例，属于比较典型的侥幸心理影响下的习惯性违章，如果他不被自己以往所谓"经验"影响，发现料潮湿难进入机器，先停机断电，等处理好料再开机，就不至于产生这种悲剧。

在安全生产中，员工的侥幸心理有两种表现。一种是对自己的"经验"自负而产生的侥幸心理。这种心理指的是员工在生产过程中，不深入研究安全生产管理规程，而是仅凭所谓"经验"进行主观臆想和判断，习惯性地进行违章作业而导致产生事故。上面王某的案例就属于这种类型。另一种表现是因管理失当而产生的侥幸心理，主要是企业管理人员单纯把速度和效益放在第一位，不严格制定安全生产操作规程和规则，在要求员工执行规范时，也仅限于开个会，讲讲要求，把安全生产的各项措施置于表面，这也容易让员工产生侥幸心理，认为领导不重视，说明问题不大，从而导致事故的发生。

因员工侥幸心理产生的习惯性违章，有多种表现形式，概括起来主要有如下几种。

（1）在生产环境中不规范佩戴安全防护用品或佩戴一些存在安全隐患的饰物。这类现象多存在于经验丰富的老员工身上，他们自认为经验丰富，工作中就常常会有一种"艺高人胆大"的自负，工作中往往抱着一种侥幸心理。

☆○☆○☆○☆○☆○☆○☆○☆○☆○☆○☆○☆○

某市供电公司电力工程队罗某，有着15年的工作经验。2017年7月17日，该市因大雨雷暴，导致部分高压线被大树压断。在组织抢修的时候，罗某爬上高压线杆作业，因天气闷热，他不愿意系上安全带。其他工友劝他佩戴好安全带，以免发生不测。罗某微微一笑说，没事，我干了十多年了，经常不系安全带，从来没出过事。结果因为前日夜晚大雨，线杆比较湿滑，等罗某爬到线杆顶端时，突然脚扣脱扣，而罗某没系安全带，就赶紧用双臂抱住线杆。其他工友想帮助又一时无能为力，坚持了约有十分钟，罗某终因体力不支，抱着线杆一点点往下滑。最后导致胸部、腹部和腿部等多处擦伤。

☆☆☆☆☆☆☆☆☆☆☆☆☆☆☆☆☆☆☆☆☆☆☆

罗某的案例，属于典型的侥幸心理和经验主义影响下产生的安全事故，如果他听从工友的建议，规范系好安全带，在作业过程中，即便线杆湿滑，脚扣脱扣，也会有安全带的保护而不至于受伤。

（2）员工在工作环境中，不执行监督制度违规单人操作。在有些特殊的工作环境中，员工作业时，需要在他人监督下进行。但现实中，有些员工受侥幸心理影响，认为偶尔没人监督也不要紧。有这种想法的员工，往往也会产生习惯性违章，从而导致产生事故。

（3）工作环境中，员工忽视安防设备的维护埋下安全隐患。按照规定，多数企业内部都需要配备必要的人防、物防、技防设施。有些防水、防火、防电、防盗等设施，因为缺乏必要的日常检查和定期维护，不能正常使用，一旦发生相关事故，安防设备用不上，会延误时机，造成更大损失。

☆☆☆☆☆☆☆☆☆☆☆☆☆☆☆☆☆☆☆

张某是某市汽车内饰公司安检员，负责公司各类防护设施的定期检查和维护。工作中，张某对于经常用到的一些防护设备能够定期检查维护，但对于极少用到的设备，比如灭火器，他就觉得百年也难遇一场火灾，灭火装备就是个摆设罢了，因而很少检查维护。2017年8月22日，该公司因其他员工违章操作，发生了火灾。等员工想拿灭火器扑救时，发现灭火器拉环和弹簧都已经锈蚀，无法使用，结果火势越来越大，尽管后来消防队及时赶到，最终还是给公司造成1200余万元的经济损失。

☆☆☆☆☆☆☆☆☆☆☆☆☆☆☆☆☆☆☆☆

张某的案例，属于典型的忽视安防设施的维护而产生的事故，这类问题在其他企业中也时有发生，应引起高度警惕和重视。

事故猛于虎，侥幸要不得，习惯违章更不可取，无论是管理人员还是普通员工，都要务必消除侥幸心理，远离习惯性违章。

2. "三严"让"三违"无处藏身

人们常说："严是爱，松是害。"说的是严格管理使人受益，一味放松纵容容易产生危害。在安全生产领域，有"三严一反"的明确规定。"三严"指的是"严格遵守安全制度，严格执行操作规程，严格遵守劳动纪律"。"一反"是反"三违"，指的是反对违章指挥、反对违章作业、反对违反劳动纪律。在生产过程中，员工认真执行"三严"规定，旗帜鲜明反"三违"，能够有效保证少发生或不发生安全事故。

在安全生产过程中，出现"三违"行为，极易导致安全事故发生。比如，"三违"中的违章指挥，往往是管理人员在员工作业时，不顾安全操作规程，胡乱指挥，让员工的行动陷入被动，从而引发事故的。

☆☆☆☆☆☆☆☆☆☆☆☆☆☆☆☆☆☆☆☆☆☆☆☆☆

2018年5月17日，某市水务局施工队民工周某在开挖河道时，发现地表土坡有断断续续的裂缝，就提醒工友先离开施工地段。周某去找施工队长胡某，胡某到现场查看了一下，发现确实有大约2毫米宽的裂缝，总长度大约15米。他不以为意地说："这点小缝隙，根本就没事，都赶紧干活！"工人们不得已，只能服从，继续开挖河道。周某还是不放心，就在施工现场给工程师范某打电话，描述了现场情况。范某听后觉得事态严重，迅速打电话给施工队长胡某，建议施工人员马上撤离现场，并抓紧采取加固措施，否则很容易造成塌方事故。但胡某不以为意，只是让几个工人找来一些木桩，一边顶着河道侧坡，一边让工人继续干活。突然间，正在开挖的河道坍塌了，把20多名工人当场掩埋住。后来经过紧急抢挖，最终还是导致11名工人死亡，9名工人受重伤。

☆☆☆☆☆☆☆☆☆☆☆☆☆☆☆☆☆☆☆☆☆☆☆☆

通过此案例可以看出，施工队长一意孤行，对土坡小裂缝的潜在危险判断不准确，在工程师的提醒下仍然继续违章指挥，把工人们置身于危险之中，直至产生巨大的悲剧。

"三违"中的违章作业，也是非常危险的行为。员工身处作业现场，属于一线工作人员，他们在生产的各个环节，一旦出现违章作业，就很容易埋下事故的隐患。

☆☆☆☆☆☆☆☆☆☆☆☆☆☆☆☆☆☆☆☆☆☆☆☆

2018年2月24日，某市化肥厂磷肥车间操作工谢某，在对筒式过滤机运转情况进行检查时，谢某嫌麻烦，没去把1号管钳拿回来，而是直接用3号管钳进行检查，最终导致管钳脱扣，运转中的过滤机把管钳卷了进去，谢某受惯性影响，未来得及松手而被卷入，被滤机筒轴、立柱和导链挤压及碾轧，致使右胸部、腰胯部中度挤压伤，颈部大动脉重度挤压伤，后谢某被紧急送医，终因伤势过度抢救无效身亡。

☆☆☆☆☆☆☆☆☆☆☆☆☆☆☆☆☆☆☆☆☆☆☆☆

谢某的事故，其实是可以避免的，当时因为工具尺寸规格不合适，他可以暂停作业，或等找来合适规格尺寸的工具后再进行作业。问题就出在他图省事违章作业，最终丢了宝贵的生命。

"三违"中的第三种——违反劳动纪律，也不容忽视，如果员工不加以注意，也会给企业正常的生产秩序带来负面影响。如果员工在班不在岗，会造成脱岗后出现紧急情况无人处理的问题。如果员工酒后上岗，容易在酒精刺激下意识不清、判断不准、行为不当而引发事故。再如员工在工作时间内做与工作无关的事情，就难以集中精力，会出现疏漏造成事故的发生。

从以上所列的"三违"的具体表现的案例中，我们不难发现，员工出现"三违"行为，会给安全生产，乃至个人生命财产安全带来不同程度的威胁和损失。如何避免员工中出现"三违"行为？答案很明确：在"三严"上下功夫。"三严"执行严格到位，产生的直接效果就是让"三违"无处藏身。要通过制定严格的制度来反对违章指挥，通过严格管理来反对违章作业，通过严明纪律来约束员工遵守劳动纪律。

严格执行规章制度。国家在安全生产方面制定出台了一系列相关法律法规，行业管理部门和企业内部也多根据工作实际，相继制定出台了一系列安全管理制度。这些制度既是对员工行为的一种约束，也是对员工生命财产安全的一种保护，需要员工认真遵守并严格执行。

严格执行操作规程。各类企业因行业不同，都有各自的操作规程，这些规程都是保障安全生产的必要条件。《安全生产法》第五十七条明确规定："从业人员在作业过程中，应当严格落实岗位安全责任，遵守本单位的安全生产规章制度和操作规程，服从管理，正确佩戴和使用劳动防护用品。"员工按照操作规程规范操作，是保障安全生产有序进行的基础，也是有效避免个人生命财产受到威胁的重要保障。

严明劳动纪律。俗话说："没有规矩，不成方圆。"国有国法，家有家规，企业同样需要有严明的劳动纪律，以此来约束员工的行为。员工唯有时时处处严格执行劳动纪律，才能有力维持好劳动者的共同利益和意志，进而有力保障企业安全有序运行。

"三严"是企业安全生产的有力保障，"三违"是安全生产的大忌。在安全生产领域，需要通过严谨严格的"三严"措施来有效约束和避免"三违"现象的出现，这也是以"三严"的"正能量"来消减"三违"的"负能量"的一种辩证关系，正能量强了，负能量就弱，安全生产就会有更多的保障。

3. 从众性违章是一把危害安全的无形刀

从众性违章，字面意思不难理解，就是有人违章后，周围的人也"随大溜"，跟着一起违章。我们熟知的猴子抬石头的故事，能形象反映出这种"随大溜"的危害。四只猴子抬着一块大石头走，其中一只猴子累了，它认为反正还有另外三只猴子一起抬，自己偷个懒没事，于是它故意弓下身子，放松了肩膀。另外一只猴子觉得累了，感觉反正有别的猴子抬，我也偷懒吧。最终石头失去了重心，把两个偷懒的猴子砸伤了。

从众性违章体现了员工安全意识的淡薄，当有人因违章而省去一些时间或力气，其他人看到后效仿，忘了安全生产的规定，盲目跟风犯错，使之成为一把危害安全的无形刀。

在生产环节，有些员工会存在这类思想认识：别人这么做没事，也省事，干脆我也这么做，即便出了事，也法不责众。殊不知，一名员工不按规程操作，就已经埋下事故隐患了，别人再盲目跟风，无疑是增加了危险系数，让事故发生的可能性更大，一旦因为这类从众性违章产生安全事故，后果可能会是经济上或生命财产的巨大损失。

☆☆☆☆☆☆☆☆☆☆☆☆☆☆☆☆☆☆☆

某国有一条长达 45 千米的海底隧道，整条隧道都安装了监控系统，隧道的两头都安装了大屏幕和电子报警器。一旦隧道内发生事故，报警系统和电子屏幕就会同时工作，警告过往车辆。2013 年 4 月 11 日，该隧道中段发生了汽车相撞引发的火灾事故，监控系统、报警系统和电子屏幕同时发出警报。隧道两头的车辆排起了长龙。就这样等了四十多分钟，两头的司机并没发现烟雾和火苗，也没见到消防车通过。有人就觉得，可能是报警系统出了故障，于是把车开进了隧道。后面的车辆也陆续跟着驶进隧道。

结果，前面的车开到隧道中段，发现了前面的火势，想往后撤，但后面的车辆已经拥堵在隧道内排成了长龙。满是汽油或柴油的大小车辆相继发生着火和爆炸事故，这时隧道内的通风管道已经被烧毁，烟气毒气弥漫在隧道里。这场事故共造成30 多辆车被烧毁、65 人丧生。

☆☆☆☆☆☆☆☆☆☆☆☆☆☆☆☆☆☆☆

这是一起从众性违章引发的连环交通事故。存在从众性违章心理和行为的人员，有的属于自己在不知情的情况下出现的盲从，有的属于自己明明已经知道有潜在的危险，但看到前面的人员暂时没出现危险而放松了警惕，在侥幸心理驱使下而盲从。无论是哪种情形，出现从众性违章，都容易发生危险或事故，因为他们前面的人员本身已经出现了违章行为，如果再"随大溜"跟着违章，就会进一步扩大违章范围，增加危险系数和危害程度。在安全生产中，如果现场出现员工违章作业，没有被及时制止，而暂时又没有发生事故，其他员工就很有可能跟着一起违章作业。

"从众心理"的根本原因在于员工在主观上安全技术知识缺乏，自我防护意识薄弱。

　　从众性违章参与人数多，受到伤害的人数也可能随之增加。因而，在安全生产方面，迫切需要纠正从众违章行为。

　　纠正从众违章，需要提高员工的安全思想意识。企业通过警示教育、现场演练、以案说法等形式，对员工进行教育引导，引导员工破除"随大溜，不挨捋"的错误思想，让员工意识到，在安全生产中盲目跟风违章，非常容易产生严重的后果。企业对员工进行教育引导的时候，要不怕麻烦，反复强调，时时处处给违章者或想参与从众违章者上一道"紧箍咒"。

　　纠正从众违章，员工之间要互相提点。在安全生产方面，绝对不能盲目跟风，尤其对于其他员工的违章行为，不仅不能盲目跟从，还要主动对其进行提醒和规劝，确保在生产操作、检修、施工的每一个环节，都不出现违章现象。

　　纠正从众违章，员工要加强技能学习。有时候员工出现的从众违章，是对安全操作规程和技术要领掌握不细致、不精准，对违章与合规操作的判断不准，就容易出现"别人怎么干，我就怎么干"的现象。所以，员工有必要主动加强安全生产技术方面的系统学习，明白怎样做才是规范、安全的，怎样做是违章、危险的，奠定足够的知识基础，可有效避免从众违章问题。

　　纠正从众违章，要加大问责处罚力度。一旦在安全生产中出现从众性违章现象，作为企业管理层，切莫也同普通员工那样，存在"法不责众"的错误认识，而应该根据实际情况，对违章员工的违章程度、造成的危害大小等，分别进行问责处理，在处理从众性违章的员工群体工作措施方面，可以通过行政处罚和经济处罚相结合的方式进行，让犯了错误的员工充分意识到事态的严重性，从而吸取教训，避免下次再犯。

从众性违章往往涉及多名员工，他们的违章行为会充斥在生产的诸多环节中，给安全生产的秩序带来的负面影响，相对于单人违章，其影响和危害也更大。从众性违章所导致的安全事故，往往也会比单人行为严重，造成多人生命财产受到威胁的概率也更大。所以，无论是企业管理人员，还是普通员工，一定要引起高度重视，坚决防止从众性违章，共同维护企业的安全生产秩序。

4. 简化作业省一时，贪小失大苦一世

在安全生产领域，有这样一句话："简化作业省一时，贪小失大苦一世。"道理很浅显，也很实在，说的是在生产过程中，如果只为了眼前利益而忽视了规范程序，就可能会产生不可挽回的损失。

安全生产中的简化作业反映的是企业管理者为了眼前的利益，不按规定的生产操作规程和技术要领去开展工作，有意简化省略一些生产步骤。这样做，表面上看是节省了时间，也可能节约了成本，但时间长了，产品质量难免会下降，企业信誉难免会受损，更有甚者，在一些关键行业领域的重要生产环节简化作业，产生安全事故，造成财产损失和人身伤亡。

☆☆☆☆☆☆☆☆☆☆☆☆☆☆☆☆☆☆☆☆☆☆☆

2015年10月14日9时06分，某小区建筑工地发生一起塔式起重机在安装过程中倒塌，致使5人死亡的安全事故。后期调查时发现，安装工人图省事，塔式起重机基部与塔身连接处12个螺栓只安装了6个，还有2处本应是双螺母紧固却只安装了2个单螺母。并且，升降套架与塔架连接处也没有采用销轴进行加固性连接。在起重机作业时，因受已建成的部分楼体影响，不得不大幅度上扬起重臂，导致倾覆力矩大于平衡力

矩，塔机上半部分整体翻转倾倒，在起重机下的工人未能及时
全部逃离，致使5人当场死亡，6人受重伤。

☆☆☆☆☆☆☆☆☆☆☆☆☆☆☆☆☆☆☆☆☆☆☆

这个案例充分暴露出简化作业带来的危害。工人在安装起重机过程中，为了省事，私自少装了螺丝和销轴，又赶上起重机安装的位置影响正常作业，最终导致了事故的发生。

纵观因简化作业而导致的安全事故，暴露了安全生产管理和作业等方面的诸多问题。

思想的大意，利益的驱使。很多事故的发生，和"三违"分不开，而简化作业往往是贯穿其中的一个重要违章现象。有些企业管理人员思想上缺乏安全意识，心存侥幸心理，只为眼前利益，图省事，怕麻烦，有意简化工作程序，降低工作标准，这是事故发生的一种必然。

制度不严格，监管不到位。一些安全生产方面的制度规定虽然制定了，也相对齐全，但在具体执行层面，往往严不起来，落实不到位，执行力比较差，有些管理人员思想上不够重视制度的执行和行为的规范，致使不安全因素存在于生产的各个环节中。

员工无主见，习惯于盲从。有些企业的员工有种事不关己，高高挂起的心态，认为自己只是一个"打工的"，又不是老板，只是挣一份工资而已，没有必要较真。在这种消极思想影响下，他们对于企业管理人员为图省事、逐小利而安排的简化作业，或者明明知道违规却视而不见，或者因怕得罪上司而选择逆来顺受，盲目听从领导的错误指令，甘愿跟着一起简化作业。而一旦因企业上下都不注重防范简化作业而造成事故，带来生命财产损失的时候，想后悔就已经晚了。

其实每个人或多或少都有一定的惰性，大家做事情多喜欢省时省事，但在安全生产领域，这种图省事的想法不可取，为了眼前利益而

去故意简化作业是非常危险的。现实中，在一些企业内部，有时会有管理人员或者员工抱怨：定的规矩太多、太碎了，有些甚至没有必要。这种思想认识是片面的，因为每一项安全生产制度和流程，都是在实践中反复总结提炼出来的，都是在血泪的教训中归纳出来的。在安全生产中，如果嫌麻烦、图省事，不遵守这些规章制度，不按规程去操作，或者只为眼前利益考虑而想方设法钻制度空子，抄近路、走捷径，或许一次两次没事，但时间久了，就会积累出问题和矛盾来，一旦积累到一定程度，突破了临界点，就会导致事故的发生。

如果企业的每一个员工都能工作认真仔细，时时处处严格按照规程管理和作业，拒绝简化作业和违章操作，对平时发现的小隐患、小问题能够做到及时排查、及时发现、及时解决，就会有助于防范化解各类问题隐患，有助于保障生产的安全、稳定、有序进行，也能有效保障自身的安全和他人的安全。

5. 严禁违章指挥，严管违规行为

违章指挥是安全生产中的"三违"之一，指安排或指挥职工违反国家有关安全的法律法规及规章制度、企业安全管理制度或操作规程进行作业的行为。通俗讲，违章指挥就是"瞎指挥"和"乱指挥"。违章指挥导致的违规行为，会打乱、破坏正常的生产秩序。在"三违"中，违章指挥危害最大，造成的影响和损害的程度也较为严重，而且具有一定的隐蔽性和不可抗拒性。

☆☆☆☆☆☆☆☆☆☆☆☆☆☆☆☆☆☆☆☆☆☆☆☆

2016年6月21日16时，某市化工厂发生气体爆炸，造成4人死亡。后经调查组调查发现，该化工厂班组长在没有对相关设备进行转换排气和易燃易爆气体深度检测的情况下，违章指挥4名员工动火作业，引起气罐内残余气体与空气中形成的爆炸性混合物闪爆，致使事故发生，造成人员伤亡。

☆☆☆☆☆☆☆☆☆☆☆☆☆☆☆☆☆☆☆☆☆☆☆☆

在安全生产领域，化工厂多属于危化行业，这类行业的安全生产规范要求往往比其他行业更为细致和严格。案例中提到的化工厂，员工在动火作业过程中，班组长违反了生产安全的规则而违章指挥是引发此次事故的导火索，最终导致事故发生。这个案例用血淋淋的事故警示我们，违章指挥是杀人不见血的刀，要杜绝事故，必须纠正违章指挥，必须让指挥人员明白安全工作的重点。

违章指挥有多种表现形式，主要有如下情形。

不按规定要求指挥。指未按照相关的安全生产要求而擅作主张进行指挥，其中有的是违反安全生产规程或制度，有的是不落实相关的安全技术措施，有的是随意变更安全生产的工艺或操作程序。

指挥者缺乏相应资质。有的企业擅自让没有经过安全培训或没有专门资质认证的人员作为管理人员。《安全生产法》第二十八条规定："生产经营单位应当对从业人员进行安全生产教育和培训，保证从业人员具备必要的安全生产知识，熟悉有关的安全生产规章制度和安全操作规程，掌握本岗位的安全操作技能，了解事故应急处理措施，知悉自身在安全生产方面的权利和义务。未经安全生产教育和培训合格的从业人员，不得上岗作业。"作为企业管理者，对于拟安排到管理岗位上的人员，必须进行岗前培训，否则这些人员一旦走上管理岗位，就有可能因为不懂有关的安全生产规章制度、安全操作规程等而违章指挥或出现违规行为，事故就难以避免了。

指挥员工冒险作业。有些企业管理人员明知安全防护设施不齐全存在隐患，还受利益等方面的驱使，擅自指挥员工冒险作业。

对违章行为置之不理。有些企业在生产过程中，管理人员发现了员工的某种违章行为，但主观上认为，这种违章操作不至于引发安全生产事故，就睁一只眼闭一只眼，装作没看见，不去及时制止。我们要明白，只要是违章行为，都有潜在的危险，一旦对其听之任之，不予理睬，就容易引发大的问题。

严格地按照安全操作规程进行工作、严格按照安全生产规章制度进行指挥，才能建立起安全生产的长效机制。在具体工作中，应该从以下几方面防止违章指挥和违规行为。

吸取教训，落实责任。企业要经常对各级管理指挥人员进行教育培训，要用因违章指挥引发的安全事故案例进行警示，让他们充分吸取前车之鉴的教训。同时，要全面落实各级管理人员的责任，各部门之间、各班组之间密切配合、分工协作，指挥人员严格按照规范要求指挥作业，做到事事讲规章，时时守制度，预防和避免事故的发生。

从严要求，认真检查。企业自身和行业监管部门，要定期不定期对企业管理人员的指挥行为进行明察暗访，重点针对管理人员的履职履责情况、指挥规范情况、制度落实情况等，进行全面、细致、有序、严格的监督检查，一旦发现问题，立行立改或限期整改。对屡教不改的指挥人员要依法依规严肃追究责任。

注重细节，过程管控。在生产环节，尤其是对于临时用电或动火作业、恶劣环境作业、潜在威胁较大作业等环节，指挥人员要严格认真分析研判相关规定、工作环境、潜在风险等因素，强化全过程管控，确保不遗漏任何隐患、不发生违章指挥，保障生产各个步骤环节，都在制度规定和技术流程范围内有序进行。

遵守安全规章制度，规范指挥作业，不仅是对员工对工作负责，更是对生命对社会负责。因此，在安全隐患排查中，我们要勇于对违章指挥说"不"，不违章操作，时时处处筑牢防线，保障我们的生命安全。

6. 不被逆反心理左右，杜绝违章作业

在安全生产领域，违章作业是"三违"之一。员工的逆反心理是产生"违章作业"的重要原因。我们要深入剖析员工的逆反心理成因，找出症结所在，想方设法引导员工消除逆反心理，防止出现安全事故。

☆☆☆☆☆☆☆☆☆☆☆☆☆☆☆☆☆☆☆☆☆☆☆☆

某市塑钢门窗公司是一家规模大、效益好的企业。2016年2月，临近春节，企业的订单比较多。全公司300多名员工都非常忙碌，5条生产线也马力全开。公司员工刘某，因前期工作失误被董事长在全体职工大会上点名批评。这让刘某很没面子，他觉得很委屈，因为自己的失误并不大，也没造成什么事故或损失。这天，刘某又因为一个比较小的事情被点名批评，上班时，刘某情绪低落到极点，心里说，你让我按规章做，我偏不做。他故意将设备的挡位调到最高，让设备出现长达2个小时的超负荷运转，导致机器高温短路，延误了整个流水线的正常生产。

☆☆☆☆☆☆☆☆☆☆☆☆☆☆☆☆☆☆☆☆☆☆☆☆

刘某因逆反心理，给企业带来了经济损失以及其他安全隐患。试想，如果刘某在受到批评时能从自身找原因，不受逆反心理的影响，

不把负面情绪带到工作中，就不会产生违章作业的问题，不至于发生事故。

那么，出现逆反心理的员工主要有哪几方面的表现呢？首先，容易冲动。有些员工性格急躁，容易激动和冲动，常常对工作和同事心存不满。在企业内部，如果领导一次次重复强调安全生产的重要性，这类员工往往会很不耐烦："整天叨叨这个事，耳朵都生茧了，真烦人!"这类员工在生产中，往往无视规矩流程，做事随意，不愿受限制和拘束。在这种思想的影响下，很容易产生违章作业。其次，行动盲目。有些员工对一些规定和要求习惯反其道而行之，喜欢所谓"特立独行"。领导提倡什么，他就反对什么。领导反对的，他偏要支持或者同情。他们不想后果如何，会给自己、他人以及企业带来怎样的危害。这类员工感觉与领导对着干是一种有本事的表现，尤其对于自己看着不顺眼的领导，认为和他斗争是一种能力和胆识的体现，他们漠视领导的要求，盲目追求所谓"独立"和"自由"，很容易带来安全隐患。

剖析员工产生逆反心理的原因，大概有三方面。

一是情绪消极所致。在一些企业，员工工作时间比较长，或者是常年在一个班组工作，时间久了，就会产生一种厌倦心理和消极思想，缺乏工作的激情和动力，工作中遇到问题会烦躁不安没有耐心，进而产生了消极应付的逆反心理。

二是好奇心作怪。有些年轻的企业员工思维活跃，对很多事物都比较好奇，做事追求新鲜、刺激和自由。他们不愿被一些沉闷冗长的制度规定所左右，总想特立独行、标新立异，而违反制度规定追求所谓"自由"，往往造成违章作业，产生安全事故。

三是报复心理影响。有些员工心胸不够开阔，待人做事斤斤计较。如果他所在的企业，领导、同事做了让他不舒服的事情，他往往会产生一种报复心理：你让我不痛快了，我偏要和你对着干，这样才能扯平。在这种报复心理主导下，这类员工也会产生逆反心理，进而违章作业。

掌握了逆反心理的表现，明白了逆反心理带来的危害，剖析了逆反心理的成因，下一步要做的是如何消除员工的逆反心理。逆反心理和违章作业后患无穷，所以，去除某些员工存在的逆反心理，打造一个健康、和谐、安全的生产环境，需要企业上下共同努力。

首先，企业要信任员工。企业管理人员要多与员工平等交流，多给员工信任和激励。平时工作中，要多深入员工中间，倾听他们的意见和呼声，详细了解员工的工作、生活和家庭状况，设身处地地帮助他们解决现实困难，与员工之间建立一种相互信任、相互理解、相互尊重的和谐关系。

其次，企业要加强引导。企业管理人员与员工建立良好的关系是基础，还需要针对员工的需求，结合生产实际，对员工进行全方位、多角度的思想教育和业务培训，教育引导员工提升思想境界和业务水平。

最后，员工要注重自律，提高个人修养。"解铃还须系铃人"，消除员工的逆反心理，外界的帮助只是客观外力，关键因素还是员工自己。企业员工在平时的工作中，要从更高的高度思考问题，以开阔的心胸、乐观的态度来调适自己的身心，及时控制负面情绪，凡事多换位思考，提升思想境界，拓宽视野，自觉去除不健康的逆反心理和违章行为。

7. 每个员工都应为安全生产尽力

企业是由全体员工维系的一个整体，安全生产依赖于每一位员工。在安全生产中，没有旁观者，没有局外人，人人都是参与企业生产经营、见证企业发展壮大的主人翁。企业的发展凝结着企业全体从业人员的心血和汗水。在企业生产经营活动中，无论哪个岗位、哪名员工，如果漠视安全工作，造成安全事故和人身伤害，都会对企业的安全生产和经济效益造成损失。

现实生活中，有少数人心胸狭隘，境界不高，思考问题、处理事情习惯于以自我为中心，爱打"小算盘"，念"小九九"。这类人自私自利，作风浮躁，从事哪个职业都往往是不受欢迎的人。这类人如果在生产经营单位工作，也会因其缺点和弱点对安全生产工作带来负面影响。

☆☆☆☆☆☆☆☆☆☆☆☆☆☆☆☆☆☆☆☆☆☆☆☆

2019年8月17日，某服装厂发生一起机械伤害事故。当日上午9时许，该厂第二车间8名缝纫女工正在3号机位上工作，其中女工王某在工作时，一个线轴掉到地上，她在弯腰捡的时候，无意发现相邻的2号机位女工吴某脚下的插排根部两根电线外皮都裂开了。王某看到不是自己机位下面的插排，就没有理会，也没有提醒吴某，又开始继续工作。过了大概10

分钟，吴某的脚不小心碰到下面的插排，让裸露的两根电线发生连电，出现了明火，正好引燃了王某脚下的布料。吴某惊叫一声，赶紧用脚踩，王某也赶紧跑到车间门口拿来灭火器。因为慌乱，吴某没想到先切断电源，导致其他线路也出现连电，引起车间内多处起火。最终，这场事故造成包括王某、吴某在内的 5 名员工受到不同程度的烧伤，造成直接财产损失 70 多万元。

☆☆☆☆☆☆☆☆☆☆☆☆☆☆☆☆☆☆☆☆☆☆

该起事故的发生，就在于王某"事不关己，高高挂起"的旁观者心态。我们假设一下，如果当王某弯腰捡线轴发现工友吴某脚下插排故障时，及时告知吴某，让对方及时更换插排，那么隐患就能排除掉，也就不至于发生安全事故。但是由于王某自私自利的心态作怪，对他人身边的危险不管不问，最终让自己也受到牵连。在现实中，有些企业个别员工也像王某这样，做事情不考虑全局，只看准自己眼前的"一亩三分地"，这样很容易给安全生产埋下巨大的事故隐患，进而引发不堪设想的后果。

企业是个大家庭，每名员工都是这个大家庭中的一员，每个人都是奉献者、参与者和受益者。因此，在生产经营活动中，每位员工都应该深刻认识到"企业是我家，安全靠大家""厂兴我荣，厂衰我耻"的重要性。只有企业效益好了，生产秩序稳定安全了，每个员工才能获得更好的收入，大家的生命健康安全才能得到更加有力的保障。我们常说，爱是相互的，责任也是相互的。无论是在社会生活中还是在生产工作中，没有人是座孤岛。企业的发展稳定，需要每个人的奉献和付出。同时，这种奉献和付出是相互的，也是多向的。只有每个员工都树立起牢固的安全生产意识和观念，共同致力于安全生产，才能为企业创造价值，也能为自己创造价值。

企业员工安全意识的强弱，决定了企业在市场竞争中优势的大小。安全意识是保证企业沿着平安稳定健康良好的轨道有序发展的重要基础。如果一个企业的员工普遍缺乏安全意识，就容易让企业经常面临安全事故的风险，就会在不同程度上影响企业的经济效益，也会影响到企业的市场形象。这些因员工引起的负面效应，会抑制企业的健康发展。所以，企业每个员工都有责任、有义务为企业的安全发展出力献策，在自己的工作岗位上，认真履行好职责，用自身的实际行动彰显责任与担当。

一家企业从无到有、从小到大、从弱到强，都是整个员工团队努力的结果。每个企业的成长和壮大，不仅要依靠管理人员的付出，更需要全体员工的合力推动。生产经营的每个环节，不管是加工原材料、产品生产、物料分类、流水线操作还是物流配送，都是在员工一步步操作下完成的。所以说，企业每个从业人员都是企业安全发展的灵魂和动力。

同时，企业全体员工也是企业的宝贵财富，企业管理人员，要时时处处爱护员工、引导员工，尊重员工的主体地位，既要明确他们应该尽的义务和责任，更要设身处地地保障他们应该享有的合法权益。只有一个企业能通过多方努力，把全体员工的积极性激发出来，把他们的创造性激发出来，积极性调动起来，让大家在一个平安、幸福、团结、向上的大家庭中发挥才华，释放能量，这家企业的安全和发展，才能一路高歌，突飞猛进。

第三章

清查安全隐患，消除事故"导火索"

做任何事情都怕有隐患，更怕有隐患没有及时发现，或发现后不重视，也不及时排除。消除一处安全隐患，就能挽救一个甚至多个生命，保障一个甚至多个家庭的幸福。消除事故，首先要认识隐患、发现隐患、清除隐患，将安全隐患扼杀在萌芽状态。

1. 小隐患是引发大事故的"定时炸弹"

在安全生产中，一个看似微小的隐患，一次不经意的违章，一处细小的漏洞，如果不及时发现并排除，就会一步步发展成安全事故。如果能够认真细致地检查生产工作中的每一个环节，发现安全隐患及时处理，及时排除，就能做到防微杜渐、防患于未然。

每个小隐患都可能是引发大事故的一枚"定时炸弹"。关注、重视这些小隐患，是保障安全生产的重要工作。纵观安全生产领域发生的各类事故，有很多是由小隐患引发的。

☆☆☆☆☆☆☆☆☆☆☆☆☆☆☆☆☆☆☆☆☆☆☆☆☆☆

2018 年 4 月 17 日，某机械厂发生一起机械伤人事故。当日上午 10 时 30 分，第三车间冲压机床 B 组工人马某在工位上操作时发现机床顶盖出现抖动现象。马某察看了一下机床盖与主机连接处，发现左下角一个紧固螺栓松动，但并不严重。因为 B 组共有 4 组机床在共同作业，如果停机检查，可能会影响其他机床和该生产线的运行程序，于是他没有采取断电检修措施，只是用手拍了几下机床盖，暂时使盖体抖动减轻了。过了大概 10 分钟，机床盖突然弹射出来，撞到车间顶棚落下，正好砸中马某的头部，造成马某重度脑震荡。

☆☆☆☆☆☆☆☆☆☆☆☆☆☆☆☆☆☆☆☆☆☆☆☆☆☆

在安全生产中，必须从小处着眼，从点滴做起，见微知著。如果发现机械运行或其他工作环节出现了问题隐患，无论程度大小，都应该引起高度重视，及时采取措施进行排除。案例中受伤的马某，已经发现了螺栓松动的隐患，虽然看似问题不大，但机床在继续运行时，床盖其他部分的螺栓出现失衡和同步松动问题，最终让机床盖弹射出来发生人身伤害事故。

正因为安全隐患的关键因素在于人，所以，生产过程中出现的各类小隐患，也是管理者和员工的"思想隐患"。主要表现是：平时粗心大意、马马虎虎，不注重细节，错误地认为一些小的隐患无碍大局，不至于导致安全事故，所以即便发现了，也不在意，不愿意去主动消除；责任心缺失，思想上存在短期利益观念，只追求眼前利益，为赶进度求数量而放松了隐患的排查。

管理者和员工的"思想隐患"如果不及时去除，现实中的小隐患就会层出不穷，各类事故也会接踵而至。也正是这些"思想隐患"的存在，发生事故后，很多人就感到难以接受："怎么会这样？按理说不该出事啊！"

凡事都有一个从量变到质变的过程。大家都熟悉的成语"千里之堤，溃于蚁穴"说的就是这个道理。

明白了隐患发展会由小到大、由量变到质变的道理，就需要企业成员充分注意工作中的小隐患和小问题。企业中的每一个人，无论是管理人员，还是检修工、工程师、操作人员，都要充分关注生产过程中的每个细节，仔细排查各类隐患和风险点。因为生产过程中每个细节都是重要的，产生的任何一个小隐患都可能是致命的。

老子的《道德经》中有句话："天下难事必作于易，天下大事必作于细。"难事复杂事就怕"较真"，一旦较真就会认真对待问题，就会想方设法主动积极地研究应对办法，问题往往就容易解决。生产经营单位从管理人员到一般员工，都需要具备较真精神，发扬严谨细致、一丝不苟的作风，同时还要具备敏锐的感知力和判断力。一旦发现小的隐患苗头，要迅速进行层层反馈，引起相关人员的重视，共同研究会商解决措施，在此基础上，再组织专业人员对发现的小问题、小隐患逐一进行排除，保障生产安全。

2. 防患于未然，做好事故应急预案

很多事故的发生，是因为企业缺乏事故应急预案，对前期风险点预测不足。《周易》中"防患于未然"这句话，就是告诉我们在祸患发生之前就要加以预防，在安全生产中，防患于未然，也是要求我们把预防做到前面。有人说，智者善于用经验来预防事故，愚者习惯于从事故中总结经验。对于一个企业而言，在安全生产中，如果规范有序，能够主动自觉地做好前期防范工作，就能有效减少或避免事故的发生，如果管理混乱，就容易出现事故，虽然能够亡羊补牢，但是造成的损失是巨大的。每一个企业员工都要时刻具备清醒的头脑，积极做好各类风险的评估和防范，同时做好事故应急预案，下好"先手棋"。

☆☆☆☆☆☆☆☆☆☆☆☆☆☆☆☆☆☆☆☆

2015 年 10 月 21 日，某市热力公司施工人员为某住宅小区安装暖气。王某、范某和周某三名工人为六楼一住户施工，该户为小区临街一栋楼的西边缘户。施工时，需从该户客厅飘窗外用绳索提运材料，王某在楼下将 3 根 6.5 米的水暖管件捆绑好，范某和周某站在窗台外沿往上提，当快提到 6 楼位置时，因受住户其他线路影响，导致水暖管件发生了偏移，卡在半空

中。范某弯下腰试图拨动水暖管，不小心让管件发生更厉害的偏移，正好碰到街道边上的高压线上。顿时范某身上升起一团火球，因有安全带固定，他被悬在空中。王某和周某赶紧把范某送往医院，然而范某已因重伤身亡。

后来，有关部门进行现场勘察时，认定施工人员其实已发现墙外有高压线路，但对风险预估不充分，没有做好前期应急预案，导致范某身亡。

☆☆☆☆☆☆☆☆☆☆☆☆☆☆☆☆☆☆☆☆☆☆

用生命换来的教训永远是惨痛的，这样的事故本来可以避免的。如果施工人员发现墙外有高压线路，工作之前制订事故应急预案，内容包括判断作业环境周围是否存在危险源、如何有效阻隔危险源、绳索捆绑管件如何更牢固、提运过程中是否会发生位置偏移，以及如果发生位置偏移情况时如何迅速补救等，就不会发生这样的悲剧。这起安全事故也给很多企业敲响了警钟，只要发现有隐患存在，就要引起足够重视，制订相应的应急预案，千万不可怀着侥幸心理去冒险作业，否则事故就难免会发生。

做好事故应急预案，严格生产标准，规范生产流程，能够有效避免财产损失，最大限度预防事故发生。

《礼记》中有言："凡事预则立，不预则废。"意思是说，做事要事先做好详细的计划和预案，不然就会失败。安全是相对的，危险是绝对的，但是事故是可以预防的，要从根本上防止事故的发生，就要把安全生产中的潜在危险因素事先辨别出来，及时预防、及时消除，以减少事故的发生。

企业制订事故应急预案，主要包含如下内容。

（1）总则。主要包括事故应急预案的编制目的、编制依据、工作原则等内容。这对整个预案起统领概括性作用。

（2）组织指挥体系及职责。企业在事故应急处置预警中，要明确责任，根据企业法人、主管领导、分管领导、班组长及各岗位员工所承担的任务分工和职责实际，对生产经营各个环节的工作任务进行细致分工，充分明确各类人员在事故应急处置过程中具体承担哪些工作任务。

（3）预警预防机制。包括生产安全事故监控与信息报告、预警行动、应急响应机制建设等内容。这部分属于具体操作层面，需要进行全面系统且准确的界定和表述。

（4）应急响应。包括：分级响应，针对安全事故发生的程度区别对待，实行分级响应；事故现场保护，发生事故后，务必保护好事故现场，为相关部门人员调查处置保留现场原状及相关物证等；应急救援人员安全防护，安全事故发生后，相关应急救援人员按照规定要求，全方位做好安全防护，避免次生事故发生。

（5）预案完善。这是事故应急预案的补充强调内容。主要包括企业根据形势发展需要和有关政策规定的变化，及时对预案进行修订完善；针对总预案中涉及的重要内容需要进一步展开的内容，或者需要企业下属各部门、班组、车间结合实际进行细化的内容，分别制订相关子预案；日常安全制度，主要是对值班制度、检查制度以及例会制度等内容进行规定。

每个企业结合生产实际，经过科学分析论证，共同研究制订符合企业生产经营实际，易于操作的事故应急预案后，要坚持把功夫下在日常，注重防范和教育，一旦发生事故，能够迅速启动应急预案，及时补救，确保把事故影响和危害降到最低程度。

作为企业员工，需要时刻树立忧患意识和危机意识，对事故隐患有足够的判断力、预见力和防范力，工作中，要针对风险防范化解和事故应急处置，提出更多合理化建议，把可能出现的风险点和问题隐患分析透、分析全。这样做既是在为企业发展稳定保驾护航，也是在保护国家财产和个人生命财产安全。

3. 加强督查，定期开展安全隐患排查活动

安全是企业的生命，隐患是安全的大敌。隐患不除，安全难保，我们需要综合运用多种手段开展安全隐患排查，其中，加强督查是最常见、直接、有效的措施之一，需要企业自身以及行业监管部门共同参与，周密组织，深入实施。

安全隐患排查来不得半点疏忽和马虎，要形成常态管理机制和协作联动机制，多部门密切配合，分工协作，从管理制度、硬件设施、人员素质等多方面下手，在安全隐患排查中，既要注重前期分析、事中监管和过程管控，也要注重加强事后调查和总结分析，坚持做到不简化一个步骤，不放过一个细节，不疏忽一处漏洞。同时要加强痕迹化管理，落实落细防范措施，扫除薄弱环节，消除各类隐患，做到安全无死角，隐患无处藏。

☆☆☆☆☆☆☆☆☆☆☆☆☆☆☆☆☆☆☆

"不要再汇报了，我们是来现场督查安全隐患排查措施落实情况的！" 2018 年 6 月 13 日，在某煤矿的安全生产隐患排查情况督查中，督查组人员打断了企业负责人滔滔不绝的汇报，要求到现场实地查看。督查组来到现场一看，情况远远不像企业负责人汇报的那样，而是存在诸多隐患。比如，矿区有

200米区域未按规定安装照明设备；洗煤区排水沟部分地段淤泥淤塞清理不及时等，共发现14个问题隐患。督查组严厉批评了企业负责人，并责令企业限期三天务必整改到位。

☆☆☆☆☆☆☆☆☆☆☆☆☆☆☆☆☆☆☆☆☆

实行真督实查，是督促企业落实好隐患排查责任的重要抓手，抓好隐患排查治理，是保证企业生产秩序稳定有序的基础保障，二者是互相依存、互为补充、相得益彰的。在工作实践中，需要着重从以下几方面入手。

一是健全隐患排查治理长效机制。行业监管部门和企业自身，都要认真落实国家相关法律法规的规定要求，推进隐患排查治理工作法制化、规范化和常态化。根据隐患可能导致的灾害程度和财产损失等情况，督促指导企业科学确定隐患的等级。要督促指导生产经营单位定期不定期开展隐患排查行动，建立健全安全隐患问题排查工作台账，及时向行业监管部门如实、准确、详细地汇报情况，行业监管部门再依据隐患的轻重缓急程度，分类施责，挂牌督办，跟踪问效。

二是落实隐患排查经费保障。各级财政应当每年安排一定额度的专项资金，用于保障企业排查各类安全隐患，同时生产经营单位也要加大安全隐患排查的资金投入力度。地方党委政府要认真贯彻执行安全生产相关经济政策，按时列支、足额拨付安全隐患治理专项资金，并保障专款专用，为加强安全生产隐患的督导检查和认真排查提供必要的资金支持与保障。

三是明确隐患排查治理主体责任。安全生产的责任主体是企业，隐患排查治理的责任主体也是企业。有关部门要组织联合检查组，严格执法，细致监督，督促各生产经营单位履行好安全隐患排查主体责任，自觉主动地行动起来，扎实做好隐患自查，要建立健全从普通员工到企业法人代表逐级负责的隐患排查治理责任制，在安全隐患排查中，坚持全员压上，积极作为。

四是健全完善隐患排查定期报告制度。督查不是听汇报，而是要真正走下去，亲临现场，督导发展问题隐患。生产经营单位要定期认真排查各类问题隐患，如实整理形成专题报告，定期向行业监管部门汇报情况，对于隐患排查报告弄虚作假、欺下瞒上的行为，要严格依法依规进行处置，尤其对于因为虚报瞒报问题隐患而导致安全事故发生的，更要视情况严肃追究相关责任人的责任。

五是全力做好隐患治理工作。通过加强督查开展隐患排查只是过程，发现问题和隐患，及时妥善进行治理才是关键所在。无论是行业监管部门，还是企业自身，都要清醒认识到：清除一个安全隐患，就多一分安全保障，就可能避免一场事故发生。在排查过程中发现的问题，要根据影响大小和严重程度，有计划、有章法地逐一研究制定整改措施，实行台账式管理，解决一个销号一个，确保每个隐患都能及时得到妥善处理。对于督导组或企业自身排查出的问题，都要加强过程性管控监督，对一般性隐患，要督促企业立行立改，对较大安全隐患又未及时解决的，要责令限期整改，实行跟踪要账，对重大安全隐患又未整改彻底的，要责令企业停产停业，严防重大安全事故发生，什么时候整改彻底了，再复工复产。

针对以上关于加强督查和隐患排查的方法路径，企业要通过建章立制、保障经费、压实责任、定期报告等方式，定期组织隐患排查活动。通过计划明确、组织严密、措施有力的隐患排查，把各类隐患排查全面，分析透彻，消除到位，从而有效避免各类安全事故的发生。

安全生产工作的隐患排查，事关企业发展、员工安全和社会稳定，它是全社会的共同责任，企业员工必须广泛参与，各司其职，分工协作，共同筑牢安全生产的坚实屏障。

4. 健全企业安全隐患排查制度和程序

　　孟子有言："不以规矩，不能成方圆。"说的是凡事都需要遵循一定的规矩法度，否则事情就容易乱了章法，陷入一种混乱无序状态。在安全生产领域，各类隐患是安全生产的大敌，所以，需要健全企业安全隐患排查制度和程序，让生产的各个环节容易出现的问题隐患，都在科学严谨的排查制度和程序中无处藏身、无所遁形。

☆☆☆☆☆☆☆☆☆☆☆☆☆☆☆☆☆☆☆

　　某市汽车胶条厂是一家民营企业，虽然有必备的资质和条件，但受资金、人力、物力等因素影响，在生产经营的各个环节，都缺乏必要的制度机制作为支撑和保障，比如，该企业没有建立安全隐患排查制度，并且该企业所购置的设备，多是花低价购买的其他同行业厂家淘汰下来的设备，不仅产能低，还存在较多安全隐患。企业负责人平时管理也缺乏章法，在组织实施安全隐患排查的时候，多是"拍脑袋"做决策，凭主观感觉判断，觉得应该进行检查时，就临时组织人员进行一些不够深入细致的巡检和排查。

　　2019 年 4 月 11 日，该企业车间内一台胶条挤出机出现了卡轴问题，员工在没有断电停机的情况下，把手伸进机器内想排除故障，导致右臂被机器卡住，整个右手被绞碎。

☆☆☆☆☆☆☆☆☆☆☆☆☆☆☆☆☆☆☆☆☆☆☆

该民营企业之所以发生员工受伤事故，与企业没有制定安全隐患排查制度和流程有很大关系。在生产过程中，排查除患没有系统完善的排查制度，没有计划和章法，并且后期调查处理事故时发现出事的机器属于严重超期服役，很多关键零部件已经严重老化磨损。因为该企业没有建立安全隐患排查制度，相关工作人员没有足够的警觉和隐患排查习惯，对于严重老化机器的潜在隐患缺乏全面准确的判断，在排查中难以做到及时更换问题零件，久而久之，机器"停摆""趴窝"，出现意外伤害事故就在所难免。在安全生产领域，有一些企业和案例中的企业情况类似，都是缺乏资金和有序管理，出现多方面的问题和漏洞，一步步导致事故的发生，让企业受到重创，或者出现员工伤亡的悲剧。

一些企业也许规模不够大，资金不够雄厚，生产设备也不够先进，但如果能把握关键环节，充分结合企业生产经营实际，研究制定一套科学详细的制度机制并严格执行，也同样能够保障企业的安全和员工的生命财产安全。各项规章制度中，隐患排查工作制度是很重要的一项制度机制，是企业不出事故或少出事故的重要制度支撑，尤其要制定好、落实好。

生产经营企业在制定除患排查工作制度和规范流程方面，要紧密结合企业自身实际，综合考虑多方因素，经过反复论证分析，最终让其准确、规范、明确、细致。具体讲，要注意以下几个问题。

第一，做好前期基础工作。在制定安全隐患排查制度之前，企业要做好前期的基础性工作，其中包括对隐患排查所查出的问题隐患进行原因分析，根据隐患特点和表现，有针对性地制定整改措施，明确整改时限、责任主体，并保存相应记录。

第二，定期督导检查。实施安全隐患排查的责任主体，要对排查出的各类问题隐患建立清单，明确隐患表现、形成原因、整改情况和整改效果等，在此基础上，行业主管部门和企业自身要对相应台账资料等内容进行定期检查。

第三，明确隐患排查关键点。生产经营单位针对隐患排查发现的隐患项目，要下达专门通知，对各种隐患进行分门别类，限期整改落实。要做到定措施、定人员、定效果、定期限。

第四，建立健全隐患项目档案。针对排查出的问题隐患，要根据隐患的轻重缓急程度分别建立专项档案，档案内容应包括：分析评价报告和结论；行业管理部门或专家评审意见；隐患治理操作性方案；隐患整改时间表、路线图和流程图；整改验收报告；备案文件等。

第五，及时上报重大隐患。对于排查出来的重大隐患问题，如果凭企业自身无力解决，一方面要采取积极措施进行力所能及的防范化解措施，同时还要书面向行业主管部门和当地党委政府如实报告情况，争取主管部门和政府部门的资金、人力、物力、技术、设备等方面的支持。

第六，对于企业自身无法整改完善的重大隐患，行业主管部门或当地政府务必要在采取防范措施的基础上，责令企业暂时停产停业。等重大隐患得到彻底解决时，再引导企业有序复工复产。

建立健全安全事故隐患排查治理制度，是生产经营单位应该履行的重要职责，也是保障安全隐患排查规范化、系统化、高效化的重要法律依据，各级各类生产经营单位一定要建立健全行之有效的隐患排查工作制度机制，然后规范严谨地去落实和执行。

5. 排查隐患要细，不给事故留余地

　　隐患就是潜藏着的祸患，隐患不清除，安全就不可能有保障，危机就一直在我们的四周。所以我们要制定并落实整改措施，坚持抓早、抓小、抓细，不放过任何一个隐患，不给事故留下发生的余地。

　　安全隐患有多种表现形式，有些是显而易见的，容易被排查出来，有些则是比较隐蔽的，如果不仔细认真地排查，就很难被发现。因此，安全隐患的排查要细之又细、严之又严，要把隐患排查落实到生产的全流程、全岗位、全环节，把责任分解落实到主要领导、主管领导、班组长、一线员工的身上，努力做到人员全覆盖、责任全落实、过程全监督、结果全报告，全力提高安全水平。反之，如果在隐患排查中，从企业管理人员到普通员工，都缺乏必要的责任心和认真细致的作风，就不能及时发现一些细微的隐患，这些隐患一旦存在于生产的各环节，就会为安全事故的发生埋下伏笔，就会让我们陷入鲜血和泪水的悲痛之中。

☆☆☆☆☆☆☆☆☆☆☆☆☆☆☆☆☆☆☆☆

　　2014 年 5 月 22 日晚，某市化纤制品有限公司安检员何某到车间巡检生产设备。这是他本次值班期间的第二轮，也是临

下班前的最后一轮巡检。上夜班前，何某和几个朋友聚会，喝了一些酒，此时觉得有些疲倦。他认为，反正已经巡检过一轮了，也没发现问题隐患，这一轮就不用每个车间都巡检了。于是他只巡检了三个车间中的一个，就到门卫处喝茶，过了一会儿就下班回家了。不料，何某第二轮没有巡检到的第三车间的一个冲压成型机床，因电源线路老化，导致线轴有虚位，产生打火问题，引燃了堆放在冲压机床旁边的化纤原料，火势迅速蔓延起来。在该流水线作业的员工，赶紧拿车间内的灭火器扑救，但灭火器容量太小，根本无法扑灭火苗。带班经理发现后赶紧报了警。等消防车赶到后，经过紧张扑救，才控制住了火灾，但还是造成了 320 多万元的经济损失。

☆☆☆☆☆☆☆☆☆☆☆☆☆☆☆☆☆☆☆☆☆☆☆

通过这起事故可以发现，造成事故的原因有两方面。一是安检员何某在巡检设备时，不认真细致，没有对全部车间和设备进行第二轮巡检，因而没有发现第三车间的机床隐患；二是车间内消防设备配置不符合规格要求，发生事故后，没有控制扑灭火苗的足够条件。

隐患排查的目的在于深入细致地查找生产环节中明显或潜在的各类风险点和危险因素，针对隐患表现，科学制定清除措施，使安全隐患及时得到治理和整改，进而保障生产安全。隐患排查的范围覆盖生产经营的每一个层面和每一个环节，从相关法律法规的执行落实情况到落实效果，从生产流程到现场环境，从员工思想意识到现场表现，都是排查的范围。

隐患排查是消除问题的前提，也是实行安全生产管理的重要手段，认真仔细地排查隐患，有着举足轻重的作用。因此，我们需要以高度负责的态度把隐患排查工作做精做细做到极致。具体可从以下方面开展工作。

一是明确隐患排查的目的。隐患排查切忌盲目进行，要有明确的目标、要求和计划。同时这种目标也要经常性地体现在思想上，落实到行动上。

二是认真执行隐患排查制度。在安全生产隐患排查中，各相关责任人员要严格认真执行隐患排查的制度规定，尤其要注重交接班的无缝交接，避免出现时间盲点和排查虚位。

三是严格执行督导考核。企业管理人员要强化对员工隐患排查责任落实情况的监督、检查和考查，根据员工表现，严格兑现奖惩措施。

四是努力做到"四个及时"。要通过责任人员的仔细排查，及时查找发现、及时汇报协调、及时整改解决、及时做好记录。

五是加强督导检查。行业监管部门和企业自身，要把定期组织检查和不定期的抽查相结合，重点督导责任人员在岗情况、履职态度、工作效率和排查成果，以此增强责任人员的责任心。同时要落实安全隐患整改责任制，落实排查责任和整改期限。如果不检查就难以发现隐患点，发现隐患点不认真整改也等同于没检查。所以，一旦在排查中发现了问题，就应该刚性执行整改措施，跟踪督办，直到问题清零。

六是充分运用感官。相关责任人员在开展隐患排查过程中，要结合自己平时掌握的工作技能与经验，综合利用视觉、听觉、嗅觉、触觉等感官进行仔细感受和判断，对工作环境、设备压力、温度湿度、振动幅度等方面的情况进行检查分析判断，及时发现隐患点。

七是结合季节特点。一年中不同的季节，隐患的发生情况也有所不同。因此，在排查问题隐患时，要结合季节变化因素，有的放矢地开展排查工作。比如，夏季要重点开展防火、防雷、防汛、防中暑等方面的隐患排查，冬季要重点针对防火、防冻、防滑、防中毒方面的隐患排查，其他节假日要综合开展隐患排查。

没有认真细致的态度，就难以发现和寻找出问题隐患，就不能做到及时整改；无法及时整改，就会让隐患继续存在和发展，会逐步引发事故，产生各种损失和伤害。所以，企业的全体人员，都要充分认识到认真排查问题隐患的重要性和迫切性，以高度负责、一丝不苟的态度，抓好安全隐患的排查和清除工作。

6. 精准识别危险源，清除重大安全隐患

　　在防范化解安全事故隐患方面，企业管理人员和员工需要有足够的敏感意识和判断能力，精准识别在生产环节中存在的各类危险源，善于排查发现重大安全隐患，及时采取积极措施进行清除和化解，这样才能把重大安全隐患导致的安全事故消灭在萌芽状态。

☆☆☆☆☆☆☆☆☆☆☆☆☆☆☆☆☆☆☆☆☆

　　2019年7月12日，某市应急管理局接到群众举报，反映该市隐藏在山区的一家废弃多年的冶金厂露天放置着5个大型液氯气瓶，存在很大的安全隐患。接到群众举报后，该局立即组织专业人员进行现场勘察。发现现场有3个液氯气瓶丢弃在荒石坡上，另外2个堆放在废弃厂房角落里，因为该冶金厂已废弃多年，气瓶外部出现了严重锈蚀，并且其中3个气瓶的阀门组件已被人拆走。经人员检测，其中有2个气瓶内分别存放着1吨和0.8吨液氯。一旦发生泄漏，对周边环境和人民群众的生命健康将会产生重大威胁，后果不堪设想。

　　精准识别了危险源后，该局立即组织专家进行分析，研究解决措施。7月14日，在做好人员清场后，消防车、救护车、环保监测、无线通信等设备以及专业人员全部到位，经过紧张有序的处理，成功将残余液氯导入碱池内进行中和，同时对气瓶进行了破坏性处理。

☆☆☆☆☆☆☆☆☆☆☆☆☆☆☆☆☆☆☆☆☆

通过上述案例可以发现，该市有关部门通过群众举报，及时发现并精准识别了重大危险源，及时采取周密科学的措施进行了安全处置，有效消除了重大安全隐患，保障了生态环境不受破坏和人民群众生命财产的安全。

企业从业人员精准识别危险源，需要提前了解掌握危险源的大体类别和存在形式等知识，以便于进一步排除这些危险源。综合安全生产领域各行业，危险源一般分为七类。

一是化学品类。主要包括有毒有害、易燃易爆、具有腐蚀性等危险物品。

二是辐射类。主要包括一些特殊工作环境中存在的放射源、射线装置和电磁辐射装置等。

三是生物类。主要包括一些研究型企业实验室所用的动物、植物以及传染病病原体类等具有危害性的个体或群体生物因子。

四是特种设备类。主要包括一些行业领域中的起重机械、电梯、压力容器、锅炉、客运索道、压力管道、各类游乐设施和一些专用机动车等特种设备。

五是电气类。主要指在高电压、高电流、温度异常环境作业、高空作业、高速运动等不安全环境中的电气类危险源。

六是土木工程类。主要指建筑施工领域中的建筑工程、矿山矿井工程、水利工程、路桥工程等。

七是交通运输类。主要指水上、陆上、空中等各类交通运输工具。

从表现形式上看，危险源分为显性和隐性两种。显性危险源相对比较容易被识别，比如，生产中存在的机械伤害和有毒有害物质的伤害源等。而隐性危险源也是潜在危险源，一般比较隐蔽不易被发现，比如，生产工艺不合理、机械系统维护不及时、人员负面情绪影响以及人员业务能力不精通等，这类隐性危险源难以识别到位，容易疏忽，需要引起高度重视。

危险源精准识别过程中，需要重点清除重大安全隐患，因为重大安全隐患比一般性的安全隐患，潜在的威胁更大。在生产过程中，精准识别危险源，清除重大安全隐患需要从以下几方面着手。

一是提升人员识别能力水平。负责危险源识别的人员，需要具备丰富的理论基础和实践经验，不断在学习和实践中提升识别危险源的能力水平，熟知本行业本领域的危险源的性质、特点，并系统学习掌握危险源的识别方法。

二是注重收集信息来源。在识别危险源过程中，要注意收集准确无误的信息，比如，相关法律法规要求、行业系统工作规定、准确的监测数据、其他事故分析数据、管理审核结果、员工思想行为现状、工艺流程是否合规等。

三是考虑社会因素影响。在识别危险源过程中，要综合考虑到社会因素的各种影响。比如，组织机构设置是否合理、员工的劳动强度、工作时长、作业中是否会受到外界因素的干扰等。

四是分析人身伤害和健康损害之间的因果关系。在识别危险源时，应综合考虑会造成人身伤害和健康损害的各种后果，由此推及造成人身伤害和健康损害的原因，进而精准识别危险源。

五是重视危险源的多重效应。识别危险源时，应该充分考虑到企业目前存在危险源的相互影响和效应。另外，还经常有一种或多种危险源同时存在于某个生产过程中。所以，在识别危险源时，务必要充分考虑到多种危险源的存在，同时，也要充分关注多种危险源的连锁协同效应的存在。

六是注重概念方面的区别。识别危险源时，表述必须注重概念方面的区别。比如，有的企业把"触电""高空坠物""机械伤害""火灾""爆炸"等识别表述为危险源，这种表述并不严谨准确。从专业角度讲，"高空坠物""机械伤害"属于事件或事故概念范畴，但不属于危险源。所以在识别危险源并进行表述时，不要混淆概念，而应当精准识别、准确表述，以免造成误判，无法有针对性地制定危险源的控制措施，影响到下一步重大风险点的清除。

七是务必准确表述已识别的危险源。针对已经识别确认的危险源，一般要通过人与物之间的危险关系进行表述。比如，高空作业人员未规范佩戴安全防护装备、作业人员资质不全或疲劳作业、设备维护不及时、带电设备线路裸露等。

隐患不仅是一种"患"，更是一种深藏的患，并且不是一成不变的，随着条件的变化，会有一些新的隐患不断滋生，所以查隐患要反复查、时刻查，把一些未暴露的问题统统挖出来，不放过任何疑点，精准识别危险源。只有这样才能从源头上阻断重大安全事故产生的链条。

7. 隐患面前人人有责，麻痹大意终酿大祸

　　隐患是安全生产的大敌，它存在于生产经营的各个环节，并且具有不确定性和多样性等特征。隐患排查处置是企业所有成员的共同责任。企业中的任何一个人，如果在隐患面前持漠视旁观或麻痹大意的态度，都将对安全生产造成无法想象的后果。

　　隐患面前人人有责，出了事故后不能互相推卸责任。安全事故的发生，往往和很多人有关联，一旦发生了事故，相关人员都要承担应该承担的责任。所以，在隐患面前，每个人都要时刻保持警惕之心，每个人都要用一万分的努力来防止万分之一的产生。这是对自己的负责，也是对整个团队、整个企业负责的表现。

☆☆☆☆☆☆☆☆☆☆☆☆☆☆☆☆☆☆☆☆☆☆☆☆

　　2015年4月20日上午，某小区发生一起因物业基础设施安全隐患引发的意外事故。三名小男孩在7号楼二单元楼道口玩耍，用手扒放置在楼道内的铁皮信件箱，因为地面不平，铁皮信件箱又重达100余斤，一名小男孩爬上铁皮箱顶部，另两名小男孩用手扒着也想往上爬，导致铁皮箱倾倒，两名小男孩被砸中，造成一名男孩左臂骨折，另外两名男孩也不同程度受伤。

事后调查发现，该小区物业对铁皮信件箱没有进行加固处理，而且也没有在旁边放置警示标志。但物业方面否认自己有责任，受伤孩子家长无奈进行起诉，最终根据相关规定，物业方进行了赔偿，并受到相应的处罚。

☆☆☆☆☆☆☆☆☆☆☆☆☆☆☆☆☆☆☆☆☆☆

这个案例反映出该小区物业落实公共设施安全措施不力，而且在出了安全事故后，物业方又推卸责任，导致矛盾进一步升级，最终需要通过法律途径进行解决。由此推及其他一些生活小区，也存在类似的安全隐患，因为物业方没有落实必要的安全防护措施，让一些公共设施存在潜在隐患，在发生事故后，也常会出现互相推脱责任的情况。试想，如果物业方有充分的前期防护措施和警示标志，物业人员和业主在平时都加一份小心，尽一份责任，那么，就有可能避免这次事故。

隐患面前，人人都不是旁观者，而是参与者。在生产经营活动中，要通过建章立制、分解责任、注重宣传、强化监管等多种措施，营造人人想安全、事事为安全、时时抓安全、处处保安全的浓厚氛围。

健全机制，夯实制度基础。企业和行业监管部门要结合工作实际，制定出台一系列关于隐患排查责任方面的制度规定，对隐患排查的目标、任务、分工、措施和保障等方面进行明确规定，用制度管人管事，不断夯实制度基础。

压实责任，健全工作体系。要全方位明确不同岗位人员的责任分工，比如，企业法人代表应当担负起主要责任，主管领导要担负起直接责任，普通员工要担负起落实责任。形成分工明确、规范有序、团结协作、各司其职、共同参与的责任分工格局。

宣传引导，激发责任意识。企业内部工会等组织，要精心打造企业文化，综合利用主题活动、媒体宣传、社会宣传等多种形式，对企业管理人员和员工进行宣传、教育和引导，鼓励全员参与隐患排查，形成隐患排查人人关注、人人参与、人人监督的浓厚氛围。同时，要及时总结成绩，查找不足，整改提升。

强化监督，注重刚性约束。要建立隐患排查、处置、督导、考评工作机制，组建专门队伍，对隐患排查进行全方位监管和考评，形成监督的合力。在此基础上，通过落实奖惩措施、实行责任追究等方式进行刚性约束，进一步调动企业所有人员参与隐患排查的主动性和积极性，进而形成长效管理机制，共同防范安全隐患，提升管理水平，遏制事故发生。

提高认识，珍惜工作岗位。任何一个企业都是一个团队，每名员工都是团队中的一员，员工们所从事的工作，不仅是一种谋生方式，更是展示自我、成就自我、奉献社会的平台和窗口，这就需要每名员工都提高思想认识，倍加珍惜自己的工作岗位，认认真真、兢兢业业地履行好自己的职责，共同为企业稳定发展出一份力。

总结反思，充分吸取教训。在安全生产过程中，要经常对生产经营的各个环节工作进行总结反思，及时查漏补缺，经常开展"回头看"，重点查找还存在哪些薄弱环节，还有哪些问题隐患还没发现。在此基础上，还要经常组织学习教育，从其他企业发生的安全事故中吸取教训，对照自身深刻检视，是否存在类似情况，有则改之，无则加勉。

事故的源头是隐患，隐患离事故一步之遥。如果我们不能认真对待隐患，轻视隐患，忽视隐患，事故就会防不胜防，我们就随时随地处在危险中。远离事故、保证平安是大家共同的愿望，让我们每个人都睁大眼睛，同心协力查找生产生活中的事故隐患，参与隐患排查，共同营造平安稳定有序的安全生产生活环境。

第四章

预防为主，筑牢安全生产"防火墙"

生产安全、财产安全、生命安全，这些是企业所有员工乃至全社会的共同愿景。然而，安全事故却时有发生，其重要诱因是缺乏预防措施。生产经营单位与其出事后"亡羊补牢"，不如事前"未雨绸缪"，将安全问题禁于未萌，止于未发，做好预防工作，尽职尽责筑牢安全生产的"防火墙"。

1. 预防事故是确保安全生产的第一道大门

安全事故尽管可能存在于生产的各个领域和环节，但多数事故可防可控。杜绝事故，关键在于预防。很多事实证明，只要生产经营单位全体成员，都有足够的敏感性和忧患意识，具备足够的防范技能，坚持做到事前控制、提前预防，就能够避免事故发生。

☆☆☆☆☆☆☆☆☆☆☆☆☆☆☆☆☆☆☆☆☆☆

2017 年 3 月 22 日，某市某住宅小区建筑工地内，建筑队工人施某、何某和付某在楼体外墙面抹灰。脚手架件突然断裂，架体主横杆塌落，施某、何某和付某当场从五楼处摔落到地面上，之后三人被紧急送医，施某和何某因伤势过重抢救无效死亡，付某左腿粉碎性骨折。

☆☆☆☆☆☆☆☆☆☆☆☆☆☆☆☆☆☆☆☆☆☆☆☆

事故发生后，调查人员发现事故的原因是施工前安全检查不到位，出事的脚手架的扣件已经锈蚀老化，相关责任人员没有及时发现和更换，才导致了事故的发生。这起案例是预防措施不到位的典型案例，在建筑施工行业，也出现过较多类似的事故，多数是因为前期预防措施不到位导致的。

有些人认为，很多事故不可预测，不可掌控，防不胜防，这是一种片面的认识。事故的发生，多是预防措施不到位，员工违章作业等人为因素造成的。做好预防工作，消除事故隐患，才能守好安全生产的第一道大门。

在长期的生产实践中，安全生产领域各行各业在预防安全生产事故方面，积累了很多宝贵经验。比如，在人员管理方面，强调对管理和作业人员进行安全教育和技能培训，让从业人员熟知法律法规、规章制度、操作流程、技术要领及注意事项等内容。在作业施工管理上，要求员工必须规范操作步骤，佩戴安全防护用具等。对施工承包方，严格审查资质，加强施工现场监督管理。在设备管理使用上，要求规范操作流程，定期检查维护，严禁带故障操作等。

做好安全防范工作可以为企业避免不必要的损失和浪费，更重要的是对自己的生命负责，对他人的生命负责。安全防范这根弦，人人要绷紧，时时要绷紧。安全事故防范的主要措施包括以下几方面。

一是落实安全责任。在安全生产的各行业、各领域中，都需要建立健全企业法人为第一责任人、主管领导为具体责任人的安全生产领导组织体系，组织体系架构还应包括企业各级人员的安全生产责任，形成一级带一级、层层抓落实的责任体系。

二是做好风险评估。在生产的各个环节，总会存在一些风险点，有时这些风险点无处不在、无时不在。在这种情况下，企业在深入排查，精准掌握问题线索的基础上，对风险点进行科学评估，是消除事故隐患，预防事故发生的重要方法。

三是提升人员资质。安全生产领域企业专业性很强，要求企业管理人员与员工具备安全生产的素质与能力基础。很多行业员工上岗前需要经过岗前培训和安全教育培训，或者通过考试考核等方式取得相应资质后，才能上岗作业。现实中，因为人员缺少必要的素质、能力和资质，违章作业而导致各种事故发生的案例不在少数。

四是提高安全标准。每个行业的生产环节，都有安全规范标准和要求，为了保险起见，各企业在实际执行这些标准过程中，应当适当提高相应的标准要求，从更严、更高的角度去规范约束生产管理和作业行为。

五是减弱危害影响。有时候，在生产环节有些隐患和危害难以预防或无法消除。在这种情况下，可采取前期干预手段减弱危险和危害。比如，建筑施工行业可用高标号水泥替代低标号水泥，化工行业中可以用低毒性物质取代高毒性物质等。

六是采取隔离手段。如果有些危害无法消除、预防和减弱，要尽量把人员和危险源隔离开，把不能一起存放的物质隔离开，尽量防止事故发生后的连锁影响。

七是设置警告标识。对一些安全隐患大的特殊作业现场，要在工作环境内设置必要的警告标识，对人员、设备等配备醒目的安全色和安全标志及防护装备。必要时，在作业场合设置组合报警装置。

安全生产应该预防为主，企业全体人员要提高思想认识，了解事故危害，做足预防"功课"，尽职尽责，积极防范，全力守好安全生产的第一道大门。

2. 防范事故是每个人的职责底线

安全生产对我们每个人都非常重要。安全生产中的事故防范，是每个人的职责底线。所谓底线指的是最基本的要求，在防范事故方面，每个人都不是"旁观者"和"局外人"，而是"参与者"和"实施者"。

有些人不能坚守防范事故的职责底线，是因为他们责任心不够强，安全意识淡薄和思想境界不高。责任心不强，就会产生"事不关己，高高挂起"的想法和态度；安全意识淡薄，容易漠视或忽视身边的事故苗头隐患；思想境界不高，会被狭隘的利益观左右，变得自私冷漠，在防范事故时会漠不关心，掉以轻心。

☆☆☆☆☆☆☆☆☆☆☆☆☆☆☆☆☆☆☆☆☆☆☆

2017 年 4 月 25 日晚上，某纺织厂发生一起火灾事故。当日晚上 11 时许，第二生产线安检员罗某在值班期间巡查自己负责的生产区域时，路过另外一片不属于自己检查的厂区，发现厂区门口的垃圾箱内有烟雾，他想可能是别人丢进去的烟头，估计一会儿就熄灭了，况且这片区域也不是自己负责的，就没在意。过了十余分钟，到了下班时间，罗某就回家了。次日凌晨 2 时许，该区域发生了火灾，给企业造成直接经济损失 500 余万元。

☆☆☆☆☆☆☆☆☆☆☆☆☆☆☆☆☆☆☆☆☆☆☆☆

后经调查，该事故是因负责本片区的员工玩忽职守导致的，同时调查人员通过调取监控，发现了罗某面对危险源置之不理的行为，也对罗某进行了严厉的处罚。罗某"事不关己，高高挂起"的自私心理让自己尝到了苦果，对企业造成了巨大损失。

防范事故是每个人的职责底线，只要发现了隐患或事故的苗头，就要第一时间想办法解决，不能认为不是自己责任范围内的事情而置之不理。企业及员工防范事故的底线意识不强，有以下几方面的表现。

一是认识不到位，言行不一。有些企业员工，习惯于把防范事故放在嘴边，但属于"光说不练"型，思想上并不真正重视，平时说得多，做得少，或者只动嘴，不动手。有些企业，过多注重做安全学习与考试方面的表面文章，在实践层面落实不深入不到位，平时也疏于对员工进行思想道德教育。

二是沉溺玩乐，不钻业务。有些员工，平时思想涣散，不思进取，工作得过且过。这类员工不能潜心钻研业务，工作中也就没有进取心和责任感。

三是管理松散，约束不严。有些企业对员工管理失之于宽、失之于松，没有形成一套科学严密的管理制度体系，在日常生产过程中，对员工的监督管理措施也不系统、不严格。

思想决定行动，态度影响行动。企业中的每一个员工，都要守住防范事故的职责底线，要清醒认识到，防范事故是大家共同的责任，是每一个人的义务。思想认识提高了，在行动层面就会积极主动许多，安全事故就会少发生或不发生。那么，如何有效唤起企业上下的底线意识，共同维护好安全稳定的局面呢？可以从以下几方面着手。

第一，加强思想教育。企业在对员工经常性开展业务培训和技能训练的同时，还要高度重视员工的思想教育，要通过多种形式和载体，做好员工的思想政治工作，营造健康向上的企业文化氛围，提高员工的思想觉悟。

第二，培养团队意识。企业在适当时机，可以组织开展一些素质拓展训练类的活动，通过设置团队协作类的活动项目，锻炼员工的意志力，培养员工的团队协作意识，让每一个企业成员都能感受到自己的团队也是一个大家庭，每个人都是家庭中的一员。

第三，严格监督管理。企业要注重安全管理制度机制建设，积极探索安全管理创新。在加强制度机制建设的基础上，把功夫下在日常，加强对员工日常的管理和考核，还可以有针对性地开展考核评比，激励先进，鞭策后进。把规章制度的刚性约束与道德激励有机结合，让每名员工都觉得自己是受重视、受尊重的，从而唤起他们的责任意识，主动作为，协同作战，推动企业安全管理工作不断迈上新台阶。

"兄弟同心，其利断金。"古圣先贤们教会了我们团结协作的道理。作为生产经营单位，如果每个人都做到爱岗敬业，忠于职守，在事故防范面前牢固树立"企业是我家，安全靠大家"的安全生产思想，我们就能共同守住职业底线，牢牢把好每个安全关口。

安全责任，重于泰山。生产安全不仅仅关系着企业，更与每个人息息相关。没有安全，就谈不上企业发展；没有安全，就谈不上个人的生活；没有安全，每个家庭的幸福平安和美好未来也将无从谈起。所以，为了企业，为了社会，也为了我们自己和家庭，请共同守好防范事故的职责底线。

3. **无知加大意必危险，防护加警惕保安全**

人们常说"无知者无畏"，这句话形容一个人因对某一事物无知而对其产生轻视、无畏的看法、想法。在安全生产领域，员工盲目无知疏忽大意会导致危险发生，只有充分防护和加以警惕才能有效保障安全。

☆☆☆☆☆☆☆☆☆☆☆☆☆☆☆☆☆☆☆☆

2017年8月11日上午，某市城管局三名园林工人在某街道两侧开展树锯枝修剪养护作业。一棵树下停着一辆轿车，影响了正常作业，车上又没留下移车电话，三名工人喊了几声没人出来，就用尼龙绳拴住树干继续用汽油锯开展作业，想利用人工力量，促使树干向车辆的反向折断。在树干锯断时，由于树本身的韧性较强，并且绳子不够粗，导致树干正好砸中树下的轿车，车辆顶部被砸了一个大坑。车主到来后非常生气，找三名工人理论，并找到局领导，最终该局和三名工人共同对车主进行了赔偿。

☆☆☆☆☆☆☆☆☆☆☆☆☆☆☆☆☆☆☆☆

当园林工人发现树下有车时，应当想方设法找到车主把车移走，或者先在其他树木上进行作业。在两种措施都没有采取的情况下，三名工人仍然继续作业，结果因为他们的侥幸心理和粗心大意，导致车辆受损，自己也遭受了损失。安全生产中的无知加大意，主要有以下表现形式。

一是重视程度不高。有些员工作业时遇到一些突发情况，不充分重视，认为事情很简单，盲目做决定后草率行事，从而导致事故发生。

二是知识能力储备不够。有些企业员工，平时理论知识掌握不好，业务能力不精，工作熟练度不够，习惯于散漫地工作，缺乏细致严谨和耐心的工作态度，很容易出事故。

三是性格急躁，情绪浮躁。有些企业员工性格不够沉稳，做事多凭感性判断。在工作中，往往会心绪急躁，动作匆忙草率，有些工作也分不清轻重缓急，眉毛胡子一把抓，毫无章法可言，这种状态也比较容易引发事故。

四是精力不够集中。在安全生产环节，有些员工难免会受到身体状况或心理因素影响，当身体或心理出现异样时，在工作期间就容易精力不集中。但有些员工即便没有身体和心理上的异常，平时做事注意力也不够集中，心不在焉，易引发事故。

了解到无知大意的基本表现后，我们需要认真对照反思，看看自身是否存在这些问题和不足，如果存在，就深入分析原因，在今后的工作中认真纠正。可以从以下几方面做出努力。

注重自身能力的提升。很多安全事故是因为员工能力不足所导致的。安全生产往往具有较强的专业性，需要从业人员具备足够的理论知识和实践技能。这就需要企业从业人员经常加强理论知识的学习，注重实践技能的培养，熟练掌握制度规定和操作规程。

克服粗心大意的毛病。无论是复杂的生产工艺，还是简单的基本操作，员工都不能轻视，都要认真对待和处理。思想上的放松会导致行动上的粗枝大叶和粗心大意。只有重视程度够了，体现在行动上才能认真负责，才能逐步改掉粗心大意的毛病。

学会事后认真检查。在生产过程中，当完成某项任务后，要认真检查回顾一下，看看还有没有做不到位的地方，是否还有问题隐患。对自己的工作经常回顾总结和检查，它有助于员工及时总结经验，查找不足，从而进一步有针对性地进行整改提升。

逐步养成细致的性格。古人说"天下难事必作于易，天下大事必作于细"。做事认真细致是一种非常好的习惯，能够有效提升工作的精细程度，避免出现问题和纰漏；反之，做事粗心大意、马马虎虎、随意草率的人，在工作中往往会漏洞百出。因此，企业员工平时要有意识加强这方面的锻炼，培养认真细致、严谨务实的好习惯。

学会统筹兼顾。安全生产中有一种忌讳是只顾操作不顾其他相关事情。有些员工在作业过程中，只顾单纯操作手头上的事情，对于和自己所做的事情有关联的其他方面工作往往会忽视。比如，在进行室外作业时，不仅要按照安全生产规程要求认真作业，还在注意观察周围的环境，尤其要注意身边是否还存在明显和潜在的危险因素或安全隐患，否则会在不经意间发生安全事故。所以，员工要学会统筹兼顾，把事情考虑全面，确保作业规范，规避风险。

俗话说得好"百人百性"，每个人都有不同的性格和习惯，这些性格和习惯有些是先天形成的，有些是后天培养的，这就需要大家学会扬长避短，要善于总结反思，努力改正缺点和不足，改掉不良的思维和行动习惯，积极克服无知加大意的问题，用警惕和防范取而代之。

4. 自觉防范，个人安全生产须自我呵护

　　企业生产经营活动目的是创造更多的经济效益和社会效益，企业生产的整个过程都有人的参与，所以安全生产要坚持"以人为本"的理念。企业员工在生产经营中，需要增强安全意识，自觉防范，自我呵护，保障好自身安全，才能更好地服务企业，创造更多价值。

　　随着社会的不断进步和企业员工素质的不断提高，企业员工的生产经营安全意识，正逐步由"要我安全"向"我要安全""我懂安全""我能够保证安全"转变。以前的企业生产活动中，因为员工自我防范意识不够，防范能力不强，常会导致出现意外事故，造成不同程度的人身伤害，甚至会失去宝贵的生命，给个人、家庭乃至社会都带来负面影响。

☆☆☆☆☆☆☆☆☆☆☆☆☆☆☆☆☆☆☆☆☆☆☆

　　2019 年 5 月 22 日下午 3 时，某服装厂女工项某正在面料裁割操作平台上工作，接到在外地工作的一个老同学的电话，两人当年关系非常好，又多年未见面，在电话里越聊越兴奋，项某左手拿着手机贴在耳边和对方说话，右手往工作台上送面料。因为分了心，不慎将右手手指放在切割机刀片下方，刀片落下切割时，顿时把项某的右手三根手指切断了。项某一声惨

叫，其他工友闻声赶来，将项某紧急送医。最后，虽然项某的
三根断指被接上了，但右手已失去三分之二的活动能力，落下
残疾。

☆☆☆☆☆☆☆☆☆☆☆☆☆☆☆☆☆☆☆☆☆☆

常言道"一心不可二用"，项某的案例表明，她自己缺乏自我防范
意识，在工作时间接打电话已经违章，并且她所在的岗位本身就有潜在
的危险，在自身防范意识差、工作环境危险又出现违章行为等多种因素
影响下，最终酿成了事故，造成了终身悔恨。在安全生产中，也有很多
员工具有很强的自我防范意识和能力，在工作过程中，能够加强自我防
范和自我保护，让自己不受到伤害，也能保证企业的正常生产秩序。

☆☆☆☆☆☆☆☆☆☆☆☆☆☆☆☆☆☆☆☆☆☆

　　范某是某汽车配件公司员工，平时做事比较严谨。2018
年7月23日中午，他成功避免了一起因电线连电引发的电动
车起火事故。当天上午上班时，范某开着电动汽车去上班，把
车停在单位车棚内充电，然后去车间工作。大约2小时后，他
趁上卫生间的时机，去车棚查看充电情况，看到电动汽车已经
充满电，于是拔下了电源，然后继续回到工作岗位上。又过了
一个小时，突然听见院子里车棚附近有人惊呼："着火了！"
范某和员工们赶紧跑出去。他发现车棚内和自己电动车相邻的
另一辆电动汽车着了火。范某赶紧拔下起火电动汽车的电源，
其他员工迅速拿来灭火器进行扑救，因为发现及时，并没有引
起更大的火情。

☆☆☆☆☆☆☆☆☆☆☆☆☆☆☆☆☆☆☆☆☆☆

事后在对事故进行调查分析时发现，该事故产生的直接原因是车棚
内充电插头连线老化，而且当时集中充电的车辆比较多，线路超负荷导

致了短路和火灾发生。分析该案例可以看出，因为范某平时很注重防范，在给电动汽车充完电时，及时拔下电源，才避免了自己的财产受损。而那位电动汽车起火的员工，因为缺乏安全防护意识，没有及时查看充电情况，最后受到财产损失。

员工个人生产安全需要依靠自身加强防范和自我呵护，在生产过程中，要排除外界的负面影响和干扰，始终能够自觉运用业务知识和技术技能，时时处处做到保证自身安全。这是一种习惯和自觉，也是一种境界，它不受管理严与松、监督强与弱、环境优与劣、单独工作与集体作业的影响，而是始终能够根据自身状况和实际环境状况，采取积极有效的自我防范和保护措施。员工加强自我防范和自我呵护要掌握五个要领。

一是树牢"安全第一、预防为主"思想。在生产的全过程，都必须坚持"安全第一、预防为主"的理念和思想。纵观安全生产领域中发生过的各类安全事故，除不可预见或不可抗力因素影响外，多数能够通过前期的预防措施让风险点得到排除，进而化险为夷。

二是强化安全知识和业务技能学习。员工要全方位、多角度学习掌握安全生产的相关法律法规和相关政策规定，法律法规和政策规定中需要禁止的行为，都要自觉规避。同时，要结合行业特点和岗位实际，有针对性地加强安全生产和业务技能的掌握学习，熟知技术要领和操作流程，为加强自我防范和自我呵护奠定坚实的专业知识基础。

三是注重理论与实践相结合。加强学习是知识储备的过程，是理论方面的积累，关键是要通过实践来检验和巩固学习成效。在生产中，要通过岗位练兵、实战演练、技能竞赛、模拟事故救援等多种方式，加强业务技能具体操作方面的学习。做到理论与实践有机结合，才能为员工个人生产安全提供双重保障。

四是不违章作业，按规程操作。安全生产中产生的个人伤害，有很多是由于违章作业、违规操作导致的。因此，员工要时时处处按照安全生产标准作业，严格按照生产规范流程操作，杜绝图省事、嫌麻烦的违章操作。

　　五是服务管理，接受监督。员工在生产过程中，要主动接受企业管理人员的管理和监督，对于管理监督人员提出的问题和建议要高度重视，虚心接受，有则改之，无则加勉。同时，员工之间也要互相提点、互相监督，发现问题要及时纠正。

5. 职责不同，事故防范重点也不同

在企业中，每个员工有不同的工作岗位，从部门角度看，也有不同的分工职责。在生产经营活动中，企业中的所有成员共同维系着企业的安全生产经营秩序，但职责不同，事故防范的重点也不同。

在安全生产的全过程，都要明确相应岗位人员的职责任务，做到分工明确，责任清晰，执行有力，共同服务于企业的生存与发展。各职业岗位都需要明确安全生产中的责任、义务和权利，以保证生产经营的各个环节都有人负责，有人落实，进而形成以人为核心的安全生产责任体系，保证安全生产的各项责任都落到实处，取得实效。

事故防范是企业每个人、每个部门的共同责任，落实安全生产岗位责任制是形成事故防范强大合力的重要保障。安全生产岗位责任制包括以下内容。

第一责任人的安全职责。企业法人代表是企业的"掌舵人"，也是企业安全生产的第一责任人，直接对企业的安全管理工作负责：带头严格执行安全生产领域的相关法律、法规和安全标准；负责建立健全领导职责、各部门领导职责、班组长职责和员工岗位职责在内的安全管理责任制；负责结合企业的实际情况，建立健全符合本企业生产经营发展实际的安全管理制度和安全操作规程；负责根据企业安全生产需要，组织

推动安全技术研究，推广应用先进安全技术管理方法，制订预防和处理重大灾害事故方案以及制订应急处理预案；负责加强企业安全生产管理组织体系，为公司配备安全管理专业人员，提高企业安全管理人员素质水平；负责定期不定期组织召开专题会议，研究安全管理工作，及时总结梳理企业安全生产工作有关情况，分析安全生产形势，部署下一步工作任务；主导推动安全生产检查专项行动，监督员工安全生产规范执行情况，及时排查整改各类问题事故隐患，优化安全生产环境。一旦发生重大事故时，第一责任人要主动承担主要责任，并迅速及时组织抢险救援，主动参与事故调查处理工作，如实提供有关情况，并及时报告上级部门。

直接责任人的安全职责。安全生产直接责任人一般是指企业主管领导，第一责任人承担的工作职责包括：切实发挥好参谋助手作用，积极协助第一安全责任人模范执行安全生产的法律法规以及标准制度；根据守土有责、守土尽责要求，负责分管范围内的各项工作，监督、检查好分管部门落实执行规章制度情况，及时发现和纠正管辖人员的"三违"行为；在安全生产过程中，同时统筹兼顾计划、布置、检查、总结、评比工作；具体参与和修订分管领域的安全生产相关制度规定要求等，并带头做好贯彻落实；定期对分管部门开展大检查活动，及时排查发现并整改重大事故隐患，负责审批动火报告；负责组织实施好分管领域部门的安全教育考核工作；对分管部门发生的事故，要认真调查处理，并第一时间上报第一安全责任人等。

安全主任的安全职责。安全主任是企业生产中与员工交往最直接的中层干部，在安全生产中，他们起着承上启下的作用，其职责包括：负责公司的安全技术管理工作，贯彻各项安全生产法律、法规、标准、制度以及安全工作的指示和规定；对各车间安全员、各部门班组安全员进行安全技术指导；参与安全生产管理制度和操作规范的制定和修订并检查督促落实情况；协同开展员工安全教育活动，具体组织全体员工开展安全教育活动，检查班组岗位履职情况；建立健全企业安全教育专项档案；安排督导企业各部门的日常活动；管理企业相关设备和设施；经常深入生产一线排查问题隐患，制止员工"三违"行为，定期不定期检查厂房、仓库、物品堆放、出入口等重点部位是否存在安全隐患和问题苗头倾向；参与企业的安全生产大检查活动，对排查出的问题隐患分门别类，督促整改，负责员工日常安全教育、岗位竞赛练兵等活动；具体参与安全事故调查处理，认真统计分析情况并如实上报；根据实用、齐全、规范、科学要求，建立安全管理方面的各类基础性材料；根据既定方案预案，经常组织应急救援演练活动，提升预警能力和处置实战经验等。

生产部安全员的安全职责。生产部安全员是安全主任的助手，并受第二安全责任人的直接领导。其职责为：严格贯彻执行安全生产法律法规以及相关规定，并监督检查员工具体落实情况；具体参与操作流程和规范的制定和修订工作并督促检查员工的落实执行情况；具体协助编制安全技术有关措施计划并督促实施；负责制订车间安全活动计划，并督促落实情况；积极协助第二安全责任人做好员工教育考核管理等工作；参与车间建设改造工程设计，以及设备改造和生产工艺革新等工作；经常深入生产一线督导检查，随时发现和制止员工各类违章行为，排查发现各类隐患，及时整理、处置、上报；管理好企业各类安全设施装置，确保完好；统计安全事故伤亡情况数据并如实上报，主动配合参与事故调查等工作；维护好企业工作现场信道，注重检查设备运转情况和安全装置的配备使用规范情况等。

员工的安全职责。员工是企业安全生产的主体，处于生产经营一线，面临安全生产事故隐患的概率和危险性比企业其他人员更大。在具体工作中，员工的安全职责主要包括：根据岗位性质要求，正确使用工具用具，规范穿戴好劳动防护用品，保护人身安全；认真学习安全生产操作规范性要求，在实践中严格认真地执行好，严格遵守劳动纪律和职业道德；自觉加强安全生产操作技能培训学习，熟练掌握技能，注重在实践中规范操作、远离各类违章行为；本着互助互爱的原则，随时对身边其他人员进行监督和提点，劝诫其他员工的不安全行为；主动参与企业组织的安全生产系列活动，在工作岗位上与其他员工做好配合，共同营造良好的安全生产秩序；每次下班前检查工作岗位现场情况，整理工具物料，打扫现场卫生，维护文明卫生的生产工作环境等。

企业内部不同层级的人员，事故防范的重点也有所区别，全体人员既有分工，又有协作，才能更好地防范各类事故发生。

主要负责人的事故防范重点：企业主要负责人属于掌握企业全局的领导者和决策者，其事故防范的主要职能是全面掌握企业内部各类事故隐患和问题的总体情况，并对相应的事故防范把握好排查、处置、解决的方向。

分管领导的事故防范重点：企业分管领导主要负责自己所负责领域的事故防范排查、宣传引导、收集汇总，并负责向主要负责人汇总报送情况，并对事故防范提出意见和建议。

中层人员的事故防范重点：企业中层人员主要是部门领导、班组长等，其防范事故的主要职责是定期不定期对辖区内开展事故防范巡查指导，收集掌握事故隐患等相关信息，并向主管领导汇报情况。

员工的事故防范重点：企业员工是生产经营的主体，事故防范的主要职责是在作业过程中，互相提点、互相帮助，共同发现违章作业行为，从中分析总结出事故风险隐患点，并及时向班组长或部门领导汇总上报情况。

　　企业安全生产是一项系统工程，需要企业全体人员共同参与其中，要根据不同的岗位，明确好各级人员的安全岗位职责，严格进行管理，凝聚起"人人想安全，人人为安全，人人保安全"的强大工作合力。

6. 正确穿戴防护用品，为安全工作打基础

不同的企业在安全防护方面，有着不同的规范性要求，对于一线作业人员和监督管理人员，根据工作性质、工作环境的不同，会制定相应的标准和要求。这是对相关人员人身安全的一种有效保护，也是安全生产的现实之需，需要生产经营单位严格认真地遵守和执行。

企业员工按要求佩戴安全用品，能够避免受到人为或非人为的事故伤害。正如士兵在战场上打仗，需要穿戴盔甲护具之类，以免受到兵器、枪弹或生化武器的伤害；航天员穿戴防护用品，能够正常呼吸，也能避免受到极端气温的伤害；检验检疫人员穿戴防护用品，能避免细菌病毒和有害气体、光线之类的伤害……尽管行业不同，要求穿戴的防护用品也有很大的差异，但殊途同归，万变不离其宗，穿戴防护用品的目的都是为了保护人的生命健康和安全。然而在现实中，有的员工觉得穿戴安全防护用品太麻烦。有的嫌太冷，有的嫌太热，有的嫌太重，甚至有的嫌太不美观，而不愿意穿戴安全防护用品，这些都是不正确的想法和做法，因为如果不规范穿戴安全防护用品，会增加危险发生的概率，对自己人身安全也会产生潜在的威胁。

☆☆☆☆☆☆☆☆☆☆☆☆☆☆☆☆☆☆☆☆☆

　　2021年4月17日，某高速服务区保洁人员贺某正在男卫生间打扫卫生，十分钟前，她戴着口罩，因为打了个喷嚏弄脏了口罩内部，就摘下来丢到垃圾桶里，想把卫生间打扫好后再换一只。这时来了一名男子，方便完后向贺某问事情。两人交谈了大概一分钟，之后男子离开。结果三天后，贺某参加某医学检测，结果呈现阳性，一周后定为Ｘ传染性肺炎确诊病例。

☆☆☆☆☆☆☆☆☆☆☆☆☆☆☆☆☆☆☆☆☆☆

通过大数据筛查发现，与贺某交谈的男子是Ｘ传染性肺炎病毒携带者，而且他与贺某交谈时，也没有佩戴口罩，导致贺某很快被传染。贺某所工作的环境，按照相关规定，在工作期间必须佩戴口罩和相关劳保用品，贺某因一时的大意，而导致自身感染疾病。

在安全生产中，员工不愿穿戴或不规范穿戴防护用品原因主要有三个。

一是防护用品设计有缺陷。有些安全防护用品设计不够合理，在设计理念、质量、实用性等方面存在一些问题和不足，或者尺寸设计不合理、比较笨重，或者不便于员工操作等。

二是员工防范意识不强。有些员工安全防范意识淡薄、存在侥幸心理，片面地认为不穿戴防护用品也不会出事，穿戴了反倒是累赘。

三是宣传引导不到位。有些企业平时对员工规范穿戴防护用品的宣传形式少、措施不强、手段单一，员工在接受相关教育时，觉得没吸引力，间接导致有些人员重视不够。

《安全生产法》第四十五条规定："生产经营单位必须为从业人员提供符合国家标准或者行业标准的劳动防护用品，并监督、教育从业人员按照使用规则佩戴、使用。"这个条款从法律层面对生产经营单位的相关义务提出了明确要求，这是生产经营单位、职工必须履行的法律义务，是行业监管部门开展督导检查的重要内容。更为重要的是，规范穿戴安全防护用品，是从业人员生产活动的基础保障之一，能够有效降低或避免人身伤害。

企业从业人员在明白佩戴安全防护用品的重要性之后，需要进一步学习掌握一些常用安全防护用品的穿戴方法。

（1）安全帽。佩戴前要检查安全帽是否有变形、裂纹、风化等问题，以及尺寸大小是否适合。要调整好安全帽内衬缓冲圈，使之松紧适度。安全帽要戴正，不要歪斜，同时要系好下颌带，防止掉落。

（2）工作服。员工在高温工作环境下需要穿工作服，要尽量采用厚而软的布料，为避免灼伤、晒伤等，要穿比较厚的长袖上衣和长裤。

（3）安全带。员工要根据作业环境不同，分别选择质地、构造、强度不同的安全带。使用前要检查安全带是否有破损、部件是否完好、是否超过使用期限、是否正规厂家生产等。佩戴安全带要高挂低用，安全带一端必须系在坚固的地方。

（4）空气呼吸器。呼吸器是在有毒有害有辐射等特殊环境下佩戴的防护用具，使用前要检查呼吸器是否组件完整，查看气密性如何，佩戴好后要深吸一口气，再慢慢吐气，查验有无漏气情况。

员工掌握了如何规范佩戴安全防护用品，能够有效保护自身在特殊工作环境中免受各种伤害。让企业员工形成规范穿戴防护用品的习惯和自觉，需要多管齐下、多措并举，可从五方面做出努力。

加强物质保障。生产经营单位要根据法律法规规定，更出于为企业和员工人身安全的考虑，依法依规给员工配备优质、合理、足够的防护用品，并保障充足的经费投入，不私自挪用。这是重要的"生命线"保障工作，丝毫懈怠不得、马虎不得。

加强宣传引导。对于规范配备防护用品重要性和必要性方面的内容，生产经营单位要多策划组织一系列宣传培训和教育引导活动，宣传教育需要针对企业全部人员，让企业所有人员都对正确穿戴防护用品有深刻的认识。需要强调的是，这种宣传教育培训，不应该因企业效益不好而忽视，也不能因人员兴趣不大而停止。

注重现场管理。生产经营单位在平时的生产经营活动中，要通过定期检查和不定期巡查等方式，加强对人员正确佩戴防护用品的监督检查力度，发现问题当即指出，立行立改。对于模范执行人员，要进行表彰奖励，依靠正面典型影响带动全员加强防范。同时，行业监管部门要经常深入企业，开展现场调研指导和监督检查，发现不穿戴或不正确穿戴防护用品的个人或现象，要严肃批评教育，并责令企业深入整改。

发挥工会监管作用。企业工会组织是对员工开展安全教育、繁荣企业文化的重要机构。有工会组织的企业，要充分发挥好企业工会组织的监督推动作用，工会组织的相关人员要本着对企业、对个人高度负责的态度和力度，监督好配备、穿戴防护用品的情况。

严格责任追究。在人员管理方面，企业要与员工签订安全生产责任书，把正确穿戴防护用品的责任体现到生产经营的每个环节，落实到每个科室、每个车间、每个岗位和每个人员。对于因未正确穿戴防护用品而引发事故的集体和个人，要依法依规严肃问责。

在安全生产领域，员工正确规范穿戴安全防护用品，是安全生产过程中的重要环节，是为自身生命健康安全构筑起一道坚固的安全屏障。企业成员要充分提高思想认识，随时树牢危机意识、风险意识和防范意识，敬畏生命，注重防护，不要心存侥幸，不能怕麻烦。只有思想上重视了，行动上规范了，防护到位了，安全、稳定和幸福才能相伴相随。

7. 学会事故应急逃生技巧很重要

俗话说："天有不测风云，人有旦夕祸福。"在安全生产领域，尽管有些事故可防可控，但在现实中，受各种因素影响，安全事故仍时有发生。如果发生了事故，员工要能够运用事故应急逃生技巧，不慌不乱，沉着应对，有序逃生，努力把事故造成的伤害降到最低。

☆☆☆☆☆☆☆☆☆☆☆☆☆☆☆☆☆☆☆☆☆☆☆☆☆

2017 年 3 月 15 日中午，某小区发生火灾，事故造成 9 人死亡，另有 14 人获救、7 人通过逃生自救化险为夷。从事故现场勘察情况看，遇难者都是因为没有掌握火灾逃生技巧，窒息而死的。获救和自己逃生的人员，因为掌握正确的逃生技巧，发生火灾时，及时用湿毛巾掩住了口鼻，并低头弯腰，有序逃离，因而化险为夷。

☆☆☆☆☆☆☆☆☆☆☆☆☆☆☆☆

从这起案例能够看出，学会安全逃生技巧并能在事故发生时正确运用，对于保全生命有着至关重要的作用。

安全事故有突发性、偶然性的特点，这决定了企业安全生产工作要未雨绸缪，加强安全宣传教育和培训，使员工掌握不同的逃生自救技巧，提高应对突发情况应变能力和自救能力。

（1）火灾自救逃生方法

①毛巾保护。逃生时把毛巾浸湿，掩住口鼻，弯腰低头，尽量贴近地面行走。如果房间外火势太大，封住了通道和出口，不能跳窗或跳楼逃生，可紧闭房门，掩好口鼻，蹲在相对安全的地方，等待专业人员救援。需要注意，火灾产生后，用湿毛巾掩口鼻时，即使呼吸困难也不能将毛巾拿开，否则将会被烟雾中的毒气所伤害。

②隔离火场。如果房间外火势太大，大火封住了通道和出口，不能打开房门逃生，也不能跳窗或跳楼逃生，可紧闭房门，掩好口鼻，用湿被褥、湿衣物等堵住门缝，蹲在相对安全的地方，等待专业人员救援。等待救援期间应不断往门窗处泼冷水降温。

③绳索滑离。如果火势蔓延厉害，自己被困在房间里，救援人员又迟迟未到位，可视情况找结实的绳子，或把窗帘、床单、衣物等扯条浸水拧成绳子，一端固定，打开窗户，顺着绳索缓慢滑下去。

④信号呼救。如果被火围困救援人员未到位或未发现自己时，被困人员应尽量站在阳台或窗口等易于被人发现的地方，晃动亮眼的手电、手机等，或抛投物品，同时大声呼救，引起救援人员的注意。

⑤低层跳离。如果被困人员居室距离地面不高，可以尝试往窗外地面抛投软质物品后，手扒住阳台，身体自然下垂，慢慢下落。如果被困于高层，切勿采取这种方法。

（2）地震逃生

①找稳固的地方躲避。如果地震发生时，自己居住在楼房内，要躲在不容易坍塌的地方躲避，或者躲在支撑力较大、稳固性较强的物品旁边。需要强调的是，要躲在坚固的物件旁边，而不要钻进去，这样做的目的是万一发生坍塌后，水泥板会与坚固的物品形成一个空腔，能够有效保证不被掩埋，也便于他人施救。

②远离危险环境。如果地震发生时自己身处户外，要尽量远离高大的建筑物、高烟囱、狭窄的街道、变压器、高压线、广告牌等危险环境或危险物。同时要远离有毒有害设施。地震发生时如果在桥面上，要紧握栏杆，等桥晃动过后再迅速下去。另外，地震停止后，不要轻易回到没有倒塌的建筑物内，以防余震产生二次伤害。

③有序逃离。有时候地震发生时，自己处于人员密集的场所，人员较多无法迅速全部逃离，这种情况下千万不要慌乱，要就地选择坚固的支撑物作为掩护，等待地震停止后再有序逃离。

④注意切断危险源。地震发生后，要立即关闭电源、气源、火源等，同时，要尽量远离电、气、火等危险地点。

⑤公共场所有序逃生。地震发生时，如果自己正在电影院、体育馆或宾馆饭店等公共场所，要迅速抱头蹲下。靠近门口的人员要迅速跑出门外。

（3）洪水逃生

①关注天气情况。在遇到持续暴雨或大暴雨时，身处易发生洪涝灾害区域的居民，要特别注意掌握天气预报情况，随时保持警惕，关注天气变化，提前采取积极的防范措施。

②及时撤离。在洪水尚未到来之前，要根据规划好的安全路线及时撤离存在被洪水淹没风险的区域。

③借助辅助设施。如果洪水已经到来，并且非常凶猛，已经来不及撤离，要尽量站在房顶、高坡、大树等高处等待救援，不宜站在土墙、泥缝砖墙等易于被洪水冲垮的地方。

④及时补充能量。在条件允许的情况下，尽量多吃些高热量食品，喝些热饮，准备好充足的衣物来御寒。特别注意不能喝洪水，以免被细菌感染发生疾病。

⑤采取有效方式求救。被洪水困住无法撤离时，可打开并晃动手电筒、挥动鲜艳的物品等容易被发现的方式发出求救信号，让救援人员及时发现自己的位置，前来救援。

⑥借助工具逃生。如果洪水凶猛被困其中，可借助一些木质的物品逃生，但这种逃生方式存在一定风险，不到万不得已的情况下，尽量不采取这种逃生方法。

无论是人为的安全事故，还是不可抗力产生的自然灾害，都会让人处于很大的危险之中，如果不能掌握并正确运用逃生技巧，自己的生命财产安全就难以得到保障。这就要求我们掌握各类灾害或事故的逃生技巧，当自身处于危险境地时，熟练运用正确的逃生技巧，全力让自己脱离险境。

第五章

及时发现问题，健全安全制度

　　每个企业成员都希望企业稳定发展，个人健康安全，然而一些问题和事故总会趁其不备时出现。任何事故都可防可控，关键在于发现问题及时整改；不安全行为可以遏制，关键在于制度的有力约束。因此，企业对生产中的问题，要及时整改，对员工的不安全行为要靠安全制度来约束，从而促进生产活动规范有序。

1. 无规矩不成方圆，无制度不安全

在安全生产领域，从业人员需要在严明的规矩和严密的制度制约下，规范好生产经营活动。企业如果没有好的规矩和制度，员工如果不遵守企业的各项制度，整个生产运行体系就容易陷入盲目无序状态，安全稳定的局面就容易被打破，各类事故的发生就在所难免。

现实中，总有一些人对制度或者规则比较抵触，认为是对自己的束缚和限制，这是一种片面认识，其实制度和规矩对于员工是一种保护。在安全生产领域，出台的规矩和制度，都是基于企业安全生产的考虑，必须制定并要严格遵守。一旦有人抵触排斥它，或在逆反心理驱使下，故意去逾越它，那就会带来不可预见的后果，甚至给企业、家庭和社会都带来危害和损失。

明白了规矩制度的重要性后，生产经营单位从业人员要认真检视自身，检查规矩制度是否执行到位。如果规矩和制度有缺失或有短板，企业管理者要尽快补充、完善，不能把制定规矩制度当做表面文章，认为可有可无，而要把思想认识提升到事关全局、事关安全、事关企业和个人生死存亡的高度，把规矩制度定全、定好，然后引导全体人员深入学习掌握，再严格执行落实。

☆☆☆☆☆☆☆☆☆☆☆☆☆☆☆☆☆☆☆☆☆☆☆☆

　　2017 年 4 月 13 日 11 时 23 分许，某市交通运输公司一辆大巴在某国道上行驶，行至一个长下坡弯道时，坠落到高 70 多米的斜坡下，导致 13 人死亡、9 人受伤，车辆严重受损，产生直接经济损失 790 万元。事发后，该运输公司以及相关责任人受到经济处罚，当地交通运输局、交警队等 5 名相关责任人受到行政处分。

☆☆☆☆☆☆☆☆☆☆☆☆☆☆☆☆☆☆☆☆☆☆☆☆

　　后经调查认定，该事故属于责任事故，直接原因是该车辆在无调度计划安排的情况下随意出车，也未进行车辆例行安全检查。在车辆行驶至长下坡弯道时，司机未按安全规定提前减速，导致车辆惯性过大，方向失控而坠落。间接原因是交管部门监管不力，相关责任人安全意识淡薄，违章作业。由此可见，不遵守规矩，工作无序开展，很容易引发安全事故。可以说，一个没有严格管理措施和完善制度体系的企业，是不合格的企业，也是不安全的企业。企业健全制度体系是生产所需，也是安全保障，这一点非常重要和关键。健全制度规矩体系，可从以下几方面入手。

　　一是全面建立安全生产责任体系。企业发展，安全为基。企业要全面落实安全生产责任制，根据自身实际，在借鉴同行业经验的基础上，建立系统完备的安全生产责任体系。在企业制度体系建设中，安全生产责任体系是非常重要的基础性制度机制。企业生产，需要明确各部门、各班组、各车间、各岗位的安全生产责任，卡死责任，明确分工，做到职责分明，各尽其责，这是安全生产责任体系是否科学严密的重点。企业在建立安全生产责任体系方面，法人代表担负着全面领导和科学决策的重要职责，分管领导则是直接责任人，也有着重要的参与职责。

二是健全完善安全生产监督管理体系。落实制度，保障安全，离不开监管制度机制的有力支撑，也需要专门的监管队伍进行监督和跟进。制度的制定出台，能够为企业生产发展提供一套科学规范的保障体系，在落实的过程中，难免有些人自觉性和主动性不够。在这种情况下，就需要借助严格认真的监督管理来调动积极性。企业从业人员自觉遵守制度规定和依靠监管管理的外力约束，二者是相辅相成，缺一不可的，只有两者有机结合，才能有效引导所有从业人员都来遵守制度，远离违章，保障安全。

在安全生产监管体系建设中，加强监管队伍建设是重点，需要加强领导干部队伍和监管队伍两支队伍建设，要对两支队伍开展好培训教育，全面提高安全生产意识、法律法规政策的知晓度、组织管理能力水平。在此基础上，才能够有效实施好严格监督、精准管理。

三是建立健全安全生产操作制度。在企业生产经营环节，关系比较错综复杂，相互关联，相互影响。针对不同的生产需求，企业要分别制定相应的安全生产规章制度和操作规程，并采取严格的管理措施。依靠企业全员模范遵守，严格执行，共同排查问题隐患，堵塞安全管理漏洞，促进生产经营有序进行。

2. 纪律要严，守纪律才能保平安

　　纪律是安全生产的重要保证。我们从生产实践中可以总结出，纪律不严、执行不力是造成事故的原因之一。从业人员在生产过程中出现违章违纪行为，是纪律不严明的集中体现。

　　在安全生产领域，严明纪律与保障安全唇齿相依、相辅相成、密不可分。一个规范严谨、运行良好的企业，在某种程度上，依赖于严格的劳动纪律，也依赖于全体从业人员的严格遵守和执行。事实表明，一个好的企业，如果能做到纪律严明，执行有力，就能有效保障生产安全，取得更好的经济效益和社会效益。相反，如果一个企业没有严明的纪律来约束员工，员工人心不稳，纪律涣散，安全生产就难以得到有效保障。

☆☆☆☆☆☆☆☆☆☆☆☆☆☆☆☆☆☆☆☆☆

　　2018 年 6 月 26 日 9 点 35 分，某合金机械厂精整车间主任罗某在经过 3 号机床时，发现该机床前面约 2.5 米处，有一段约 10 厘米的导轨出现卡阻现象，罗某仔细察看后，发现故障原因是这段导轨被清洗箱错位出来的一个铝合金板片倾斜卡住。在没有通知操作员工停机的情况下，罗某将右手伸入铝合金板片与导轨的缝隙处，试图调整铝合金板片位置，由于机械仍在运转，导轨将罗某的右手带入其中，造成右手食指、中指关节粉碎性骨折。

☆☆☆☆☆☆☆☆☆☆☆☆☆☆☆☆☆☆☆☆☆☆

这是一起由于违反生产纪律而引发的安全事故。具体原因包括徒手操作运转设备、未停机断电等。事后，罗某和机床操作员工都受到相应的处分。要防范因为违反劳动生产纪律而引发的安全事故，首先要杜绝违反劳动生产纪律的情况发生。对于典型违反劳动生产纪律的行为，更要严格制度，加强措施，坚决纠正和杜绝。

生产经营单位要想健康有序发展，离不开严格的纪律作为保障。企业是社会经济发展的重要组成单元，企业的健康有序发展，需要员工团结一致规范作业。而规范需要依靠严明的纪律来保证。纪律对企业发展、生产安全，尤其是对于员工的生命健康安全，具有约束和保护的双重作用，需要贯穿于生产经营的各个环节中。具体讲，纪律对于员工约束和保护作用体现在以下几方面。

一是保证员工忠诚担当。一个能够做到忠诚担当的团队，必定有铁的纪律作为支撑。同样，一名思想积极，敬业奉献的员工，也必然是一个具有强烈纪律意识观念的人。纪律是员工忠诚担当、实现自我的精神动力。铁的纪律与每一名员工都密切相关，员工遵守企业纪律是对企业忠诚的前提，优秀的员工团队是靠铁的纪律凝聚起来的。

二是保证员工的执行力。铁的纪律能够形成坚强的执行力。纪律的基本要求就是服从。在生产经营单位，下级要服从上级，班组要服从部门，部门要服从企业。企业决定的事情和布置的工作，全体人员都要有响应，有落实，有结果，有反馈。

员工执行纪律体现在生产环节中，也体现在认真执行企业的计划、制度上。企业要形成坚定的执行力，需要以上率下，率先垂范，因为企业管理人员是员工眼中的"风向标"，他们的一言一行都被员工时时看在眼里、记在心中。只有管理人员带头执行纪律，员工才会信服、支持和参与。

☆☆☆☆☆☆☆☆☆☆☆☆☆☆☆☆☆☆☆☆☆☆☆☆

　　某市一家企业破产被一家集团公司收购。员工们觉得换了"东家"，应该有新的举措让企业起死回生，但让大家纳闷的是，除"东家"换了，制度、员工、机器设备等却都没变。公司领导只提出一点要求：严明纪律，把之前大家都不认真遵守的纪律坚决地执行好就行。结果不到一年时间，企业就扭亏为盈。新"东家"的制胜法宝就一条：用铁的纪律保证铁的执行力。

☆☆☆☆☆☆☆☆☆☆☆☆☆☆☆☆☆☆☆☆☆☆☆☆

对于工作，我们要有足够的执行力，如果缺少了执行力，就不会深入了解工作中的问题，工作就没有效率。企业员工的执行力，需要自我驱动，也需要用纪律来保障。这个案例充分反映了用纪律保障执行力的重要性。在安全生产领域，员工执行纪律需要有激情，接到工作任务时不要怀疑，要想着如何完成好。每个成功的企业都看重员工的执行力，器重的也是执行力强的员工。

三是保证员工行为规范。安全生产中的很多隐患和事故，是因员工无视纪律、行为随意导致的。企业出台各种纪律规定，目的在于用刚性约束方式规范员工的思想和行为。员工通过参加纪律规定专题培训、理论测试、知识考核和实践活动等多种形式，接受纪律教育，把纪律规定入眼、入脑、入心。这些措施有助于纠正员工思想认识偏差，消除任性浮躁情绪，从内心深处认识到纪律规定不仅是一种约束，更是一种保护，然后，就会产生遵守纪律的主观能动性。体现到行动上，就是能够时时处处用纪律规定自觉约束自身的思想和行动，避免出现漠视纪律、任性操作、违章作业等现象。这样就能够为自己的生命安全和家庭幸福提供保障，更能为企业生产安全、促进社会和谐提供坚实支撑。

严明纪律是打造优秀员工队伍的良好手段，是保证企业安全的重要方法。守纪律才能保平安。一个管理良好、作风过硬、效益良好的优秀企业，靠的是严明的纪律，靠的是一支忠诚担当、执行有力、行为规范的员工队伍。

3. 安全教育制度是保障安全生产的基础

在安全生产领域，建立健全安全教育制度对于安全生产制度机制的有效落实，保障企业进一步实现安全生产，具有不可或缺的意义和价值。

安全生产教育制度建设的目的是企业针对安全生产中的安全问题，综合运用有效资源，集中众人智慧，科学制定决策，有效管理控制生产活动，实现员工与设备、工作环境的和谐，以达到安全生产的目的。同时，建立健全安全生产教育制度的意义也在于明确安全生产过程中各个环节、各类人员的工作职责，明晰责任，构建起严密科学的安全生产责任体系，从而避免安全生产经营管理出现管理漏洞。

建立健全安全教育管理制度机制，是一个系统工程，也是一个线性过程，需要从营造氛围、提升素质、管控过程、组织过程等方面，精心组织，分步实施，统筹兼顾，有序开展。在具体操作过程中，可以从以下几方面入手。

一是加强氛围营造。加强安全生产教育管理制度，离不开宣传教育和引导，企业要建立健全安全宣教体系，把安全生产宣传作为塑造企业文化的重要内容，在企业内营造浓厚的安全教育宣传氛围。

☆☆☆☆☆☆☆☆☆☆☆☆☆☆☆☆☆☆☆☆☆☆

某冶金厂是一家规模较大的企业，该企业非常注重安全生产宣传教育工作，企业工会主席王某此前曾任某艺术团副团长，很善于组织策划文化活动。来到该冶金厂工作后，王某充分发挥自己的特长，在生产之余，他相继策划组织了"安全小广播日日响""安全标兵我最靓"岗位能手评选等多项宣传教育活动，企业特色文化形式活、形式新，员工参与热情高涨，整个企业安全形势一直稳定有序。

☆☆☆☆☆☆☆☆☆☆☆☆☆☆☆☆☆☆☆☆☆☆☆☆

该冶金厂培育特色企业文化，营造安全生产宣传教育氛围的成功探索，为生产经营单位提供了成功范例和模板，值得借鉴学习和应用推广。在开展安全生产教育宣传时，可充分利用广播、电视、板报、宣传栏等传统宣传阵地，也要注重应用企业微信公众号、快手、抖音号以及微博、朋友圈等新媒体平台，用员工喜闻乐见的形式，大力开展宣传引导，充分调动各方面的积极性。

二是注重提升素质。人是安全生产领域最活跃的因素，建立安全生产宣传教育制度，要坚持以人为本理念，充分注重加强员工的安全教育素质，不断提升员工的安全素质能力。企业对员工加强培训教育，引导每名员工系统掌握安全操作规范要求，学会分析判断周围环境，发现风险隐患点，可以有效提高员工在事故发生前的预判能力和事故发生时的应急处置能力。

在对员工开展素质能力培养时，企业可采取走出去对标学习的方式，选派员工代表到相关行业中的优秀企业中观摩学习，提高本领；也可以定期不定期邀请行业领域专家来企业"现身说法"，把相关知识传授给广大员工。同时，企业要注重培养和发现员工的先进典型，对其进行表彰奖励，还可以把优秀员工充任到管理岗位上来，影响带动更多的员工学习先进，见贤思齐，从而提高员工队伍的整体安全技能。

三是强化过程管控。安全生产宣传教育制度建设的根本是检验安全教育制度的落实能力水平。在这个过程中，要充分注重理论与实践相结合，强化生产经营各个环节的全过程管控。通过有力有效的过程管控，促使员工摒弃错误观念，注重每个生产环节的安全和规范，杜绝"三违"问题产生。

企业在安全生产过程管控中，还要大力推行生产经营规范化和质量标准化建设，改善提升企业安全生产条件，促进管理水平提高，从而不断夯实企业安全生产的重要基础。同时，在过程管控中，要引导员工在主观上培养明确的安全意识，在客观环境方面消除事故发生的隐患，进而有效防范各类安全事故的发生。

四是开展系列安全活动。企业在建立安全生产教育制度方面，除了组织员工深入学习，在生产环节认真执行外，还可结合企业自身实际和员工思想工作情况，根据企业自身特点，组织开展系列主题活动，不断丰富安全生产宣传教育的内涵。

安全生产主题活动包括多种载体形式。比如，企业可以组织开展反"三违""安全质量年""安全生产月""生产安全百日大会战"等专项安全生产活动，促进企业驰而不息地规范提升安全生产水平。在开展主题活动时，要克服短期行为、一阵风倾向，注重相关的专项活动环环相扣、有机衔接。同时，各生产经营单位要充分整合利用好企业党支部、工会组织等部门组织，形成齐抓共管的生动格局。

企业安全生产宣传教育制度体系建设有利于企业安全发展，这项工作涉及企业内部组织，关系到全体员工的生命健康安全，不能草率行事，更不能流于形式。在企业内部形成党政群团协同推进、全体从业人员共同参与的安全教育管理网络体系，把方方面面的积极因素调动充分，把方方面面的力量动员起来，形成整体效应，推动企业安全生产教育管理制度建设取得新成效。

4. 上岗作业需持证，不懂不会莫要碰

　　安全生产涉及各行各业，但行业性质不同，岗位要求也不同。其中有些特殊行业和岗位的员工有持证上岗的硬性要求，主要涉及特种设备操作人员，这些人员必须经过严格的考试考核取得相应的上岗证和等级证后，并有一定的实践经验，方能正式上岗作业。如果相关员工无证上岗，就会存在上岗人员资质不够、能力不足、经验欠缺等问题，就容易出现"三违"行为，导致事故的发生。

☆□☆□☆□☆□☆□☆□☆□☆□☆□☆□☆□☆□☆□☆□☆□☆

　　2018 年 9 月 15 日 12 时 30 分左右，某市建筑材料公司员工许某在该企业废煤渣堆旁作业。他用打火机点燃了气割机，切割废油桶，作业约 5 分钟后，废油桶内因残存油液接触明火，发生爆炸燃烧。许某身上着火，赶紧就地打滚。同事发现后，迅速赶来扑救，将火扑灭，同时将许某紧急送医，但许某终因伤势过重，不治身亡。

☆□☆□☆□☆□☆□☆□☆□☆□☆□☆□☆□☆□☆□☆□☆□☆

　　经事故调查发现，许某原为个体焊工，并无相应资质证，和该企业某中层领导为亲戚关系，经过该领导疏通关系，许某在没有进一步取得资质证和上岗证的情况下就上岗了。这起事故发生前，许某事先没有打开废油桶盖检查废油存量情况，也未对废油桶进行蒸汽处理或者加水处理，导致油桶内气压过高，并接触了明火才产生了爆炸事故。

持证上岗制度，是根据企业安全生产需要而实行的岗位管理制度。它是对从业人员政治、业务和技能方面的基本要求，更是企业安全生产和从业人员避免受到伤害的重要保障。《安全生产法》第二十八条规定："生产经营单位应当对从业人员进行安全生产教育和培训，保证从业人员具备必要的安全生产知识，熟悉有关的安全生产规章制度和安全操作规程，掌握本岗位的安全操作技能，了解事故应急处理措施，知悉自身在安全生产方面的权利和义务。未经安全生产教育和培训合格的从业人员，不得上岗作业。"特种行业员工持证上岗是法律的硬性规定，也是保障员工生命财产安全的"护身符"。

鉴于持证上岗的重要性，企业要加强从业人员岗位管理，定期开展持证人员核查、证书有效期核查和重要岗位的考核，以保证持证上岗的规范性。

（1）加强企业岗位管理。企业管理有序、人员职责清晰、岗位分工明确，是一个优秀的企业所具备的鲜明特点。如果一个企业员工分工不细致，岗位职责不明确，就会出现职责真空地带，出现事故就容易互相推诿责任，这样的企业，强调的人人有责、人人负责，反倒成为人人都不用负责，出了事谁也不肯担责。所以，企业需要把工作职责落实到每个具体的岗位上，落实到每名员工头上，而不能仅把责任分解落实到某个部门或某个班组。如果能够实现分工细致、职责明确，那么，每名员工因为自己承担着具体明确的岗位任务，就会转变思维方式，当所有工作摆在面前时，人人首先想到的是自己的岗位本职是什么。

（2）定期开展持证人员核查。在安全生产领域，有很多企业需要员工持证上岗。这类企业在平时的生产过程中，要定期开展持证上岗人员的核查管理，重点核查员工无证上岗、持假证上岗、证件超期，以及伪造、涂改、转借、冒用特种设备作业人员证违法上岗，或一证多挂等行为，一经查实，问题轻微的，要当即指出并要求立行立改，对于屡教不改，多次明知故犯的员工，要严肃处理，必要时可与其解除劳动关系。

（3）定期开展证书有效期核查。在某些企业，员工最初是通过正规的考核取得了相应的资格证或等级证的，在平时的工作中，他们也能按照规定做到持证上岗。但是当资格证或等级证过期，需要进行审核或换证时，有些员工觉得审核太麻烦，不愿花钱审核或者出于其他原因，仍然持已经过期的证件继续上岗作业。面对这种情况，企业管理人员要加强核查，一旦发现员工的资格证和等级证过期，要明确要求本人到相关部门进行审核或换证，以保证持证上岗行为的规范、安全、稳定、有序。

（4）定期开展重要岗位考核。在安全生产中，也有一部分员工，工作时间长了，容易产生懈怠麻痹思想，从而引发不安全因素。所以，企业要加强岗位的考核工作，尤其是重要岗位，更要定期组织考核监督，让岗位从业人员时时处处认真执行规章制度和操作规范，从而保证重要岗位上的员工能够安全从业。企业在开展岗位考核过程中，要对员工的个人素质、工作能力、工作表现、纪律规范执行力、合作能力、工作效率等方面进行综合考核，考核结果要记入员工个人档案，实行动态管理，把考核结果作为评先评优、提拔重用的重要依据。

根据国家和各级安监部门的要求，在生产经营单位，从管理人员到普通员工，都必须根据行业特点，接受安全生产教育培训。如果是特殊工种作业人员，还要通过取得由安全生产监管部门和劳动保障部门核发的《特种作业操作证》（上岗证）和《职业资格证》（等级证）后，方能上岗作业。需要员工持证上岗的行业多属于专业性强、技术要求高的行业领域，主要包括特种作业及特种设备操作行业。

（1）起重机械作业人员。包括起重机指挥、起重机司机（含桥式起重机司机、门式起重机司机、门座式起重机司机、缆索式起重机司机、流动式起重机司机、升降式起重机司机等）。

（2）锅炉作业人员。包括锅炉操作人员、水处理作业人员等。

（3）压力容器操作人员。包括氧舱维护人员、压力容器操作人员（含带压密封、罐车充装）、气瓶充装人员等。

（4）索道作业人员。包括客运索道安装人员、维修人员、编索人员和司机等。

（5）大型游乐设施作业人员。包括大型游乐设备设施安装人员、操作人员和维修人员等。

（6）场（厂）内机动车辆作业人员。包括挖掘机叉车、压路机、装载机、抓斗机、起重机、平地机铲车、推土机等特种机动车辆操作人员等。

随着安全形势发展的需要，不仅特殊行业和特殊工种作业人员需要持证上岗，为了保障安全生产，企业管理人员和班组长等人员也有必要通过考试考核，取得相应的资格证后，再监督指导企业安全生产活动。一个企业，如果从上到下，所有从业人员都具有相应的资质，就等同于为企业安全生产和从业人员人身安全构筑了一道道铜墙铁壁，意义重大，作用明显。

5. 规范使用生产工具，避免产生误伤事故

如果一名战士不能规范使用手中的武器，就无法精准打击敌人，还可能会误伤到自己；如果一名司机不能规范驾驶车辆，就有可能发生交通事故。同样，一名企业员工，如果不能规范使用相应的生产工具，就难以有效保证生产环节的安全流畅，容易导致各种意想不到的后果发生。

无论是哪个行业领域，都要保证生产工具的正确使用和有效管理，生产工具的保管、领用、以旧换新、移交、报废程序都要严格规范，以避免因生产工具管理使用不当而产生误伤事故。

☆☆☆☆☆☆☆☆☆☆☆☆☆☆☆☆☆☆☆☆☆☆☆☆☆

2016年5月23日，在某住宅小区建筑工地上，五名油漆工正在楼体外侧墙面进行批嵌作业。下午上班后，工人卢某在施工现场用经过改装的金属壳手电钻搅拌机在料桶内搅拌批嵌材料。下午6时许，工人张某发现卢某手握电钻垂着头坐在地上，以为他累了在休息，就没有在意。大概1分钟后，张某发现卢某瘫软在地上，面色发黑，双目紧闭。张某发现事情不妙，赶紧拔下手电钻的电源，把卢某紧急送医，但为时已晚，卢某不治身亡，医院诊断为触电身亡。

后来在事故调查中发现，卢某使用的手电钻是私自改装的，功率与钻头不匹配，批嵌料难搅拌，造成短路问题，才引发了悲剧。

☆☆☆☆☆☆☆☆☆☆☆☆☆☆☆☆☆☆☆☆☆☆

这起事故中的卢某如果不私自改装手电钻，用统一规格的标准工具进行作业，或许就不会产生事故。在安全生产领域，很多种生产工具有潜在的危险性，尤其是带电、带气之类的工具，如果使用不规范，就很容易产生漏电、漏气等事故，给作业人员人身安全带来威胁。

在安全生产过程中，规范使用工具，不仅可以有效提高劳动效率，还可以有效避免产生各种伤害。因此，员工在生产过程中，很有必要熟悉掌握生产工具的特性和规范使用技术要领。具体讲，生产工具的规范使用和管理要注意以下要领。

（1）规范使用

①时刻保持工具整洁干净，经常对生产工具进行维护清理，防止出现污损、锈蚀问题，产生安全隐患。

②及时规范摆放生产工具，不要随意放置。

③使用工具过程中要根据工具的自身特性和强度，适度使用，禁止蛮力使用、粗暴使用，以防止工具损坏而导致意外发生。

④掌握工具的使用规律和方法。比如，改锥、钳子等不耐受力的工具禁止用砸击等方法加力操作。

⑤使用工具时随用随取，用完及时归位，禁止随意摆放在作业设备或车辆上面，以免因机械运转将工具嵌入其中而导致机械故障。

⑥工具使用完毕后，要及时进行清理和归类放置，方便下次再用。

⑦专用工具一定要明确专业人员进行维护和使用，禁止不熟悉工具使用特性和要领的人员进行操作，以免因使用不熟悉、不规范产生

事故。

⑧工具在使用前，务必检查其完好性、可靠性，一旦发现工具有故障，应立即进行更换。

⑨精密仪器和脆弱性专用工具的使用，要倍加小心，确保工具在使用过程中安全、完整。

（2）工具清理

生产工具要由主管人员进行统计清点，相关科室及时进行督导，建立工具清理台账清单，工作人员完成阶段性生产任务或下班时，要及时清除工具上的泥水、油脂、碎屑等附着物，保证工具完整、洁净和整齐。不同的生产工具要明确不同人员专门管理保存。

（3）工具换领条件和程序

工具换领必须以旧（坏）换新，当工具已不能正常使用或影响工作效率时，需要及时进行换领。

①工具首次领用时，要填写"领料单"注明用途和保管责任人，经主管同意报生产经理签准后到仓库领取，由仓库建立台账备查，台账要注明领用日期、名称、规格、责任人等信息，以便存档备查。

②工具以旧（坏）换新领用前，由企业技术鉴定人员进行鉴定，并出具鉴定证明。如果经过检查仍可正常使用，应提醒领用人继续使用；如果可以修复，应由相关专业人员进行修复；如果工具是由作业人员人为损坏的由当事人承担维修责任。

③新购置工具出现质量问题，要严肃追究采购人员的责任。

（4）工具的日常检查及报废

①工具仓库主管人员要定期不定期对领用和借出的工具进行核对或盘点，一旦发现数量不符要及时处理。

②生产工具在使用过程中，企业要明确专人做好日常检查和维护。

③工具经确认需要报废的，填写工具报废审批单，经生产主管同意报相关部门确认，经生产总监批准后，方可进行报废处理。

在企业生产活动中，从业人员需要学习掌握常用劳动工具的使用方法及要领，让其正常发挥作用，避免员工因工具使用不当而对自己和他人产生伤害。常见劳动工具及使用方法有以下几种。

①螺丝刀：要选择和钉头纹槽尺寸一致、花型相同的螺丝刀，用时要嵌入到位，且不可用力过猛。

②扳手：使用时要沿着螺纹旋转方向在柄部施加外力，如果螺栓或螺母锈蚀可适当加润滑油浸润片刻。另外使用扳手时尽量握住其尾部。

③电笔：使用时，要用拇指接触电笔尾端的金属部分，使人体与地面形成回路。

④卷尺：生产中多用到的是钢卷尺，使用时要控制好钢卷条的速度，放到合适长度后，要推下安全扣，防止钢卷突然回缩对人体造成伤害。

⑤电工刀：使用完毕后要把刀片收缩到刀把内，防止割伤人。

从业人员熟悉掌握了常用劳动工具的使用方法，既能让劳动工具正常发挥作用，也能有效避免因不会使用或误操作而产生不必要的人身伤害。

在企业生产各个环节，工具不可或缺，它们需要由作业人员进行操作使用。在使用过程中，需要从业人员熟悉掌握各类工具的使用规范和操作要领，要像爱护自己的眼睛一样爱护自己手中的生产工具，因为爱惜它，才会规范使用它，使它成为自己顺利完成各种生产任务的有力武器。否则就容易产生违规使用和违章操作，引发因工具使用不规范而导致的事故，破坏安全生产的正常秩序，甚至对自己或他人造成伤害。

6. 操作流程要规范，先后不分有危险

在安全生产领域，不同的行业有不同的生产操作流程，这种流程是基于对生产环节的科学分析论证，经过反复实践检验而确定的，因此，操作流程必须严格规范。规范的操作流程，是企业在科学技术、规章制度和实践经验的基础上，将生产环节中的每一步程序和动作进行分解量化，它关注的是安全、质量和效率目标。

规范操作流程可以提高企业生产经营效率和效益，防止安全事故发生，也能有效保障从业人员的人身安全。因为企业制定的操作流程是实现安全生产的重要保障，从业人员须严格按照流程要求进行作业，不可随意变更生产流程，如果先后不分、颠倒顺序，就会破坏操作规范，产生各种各样的危险。

☆☆☆☆☆☆☆☆☆☆☆☆☆☆☆☆☆☆☆☆☆

这天上午，某家具厂木工王某在木工间制作元钉箱，制作过程中缺少一块60毫米×50毫米的小木板，王某从附近找来粘着水泥的旧木板，根据规格需要利用圆锯机锯下。因为锯缝不平直，王某想再截去3毫米的边缘，因为圆锯机锯条比较钝，在锯的过程中引起木条震动。王某用两手用力压住木条，在接近尾部时，王某改用左手拇指和食指往前推送木条，再次引起木条震动，王某的手指被带入锯槽内，造成左手食指当场被切断。

☆☆☆☆☆☆☆☆☆☆☆☆☆☆☆☆☆☆☆☆☆

事后分析事故原因发现，王某此前未接受过使用圆锯机的操作规程教育，并且用手直接推送木料，属于违反了操作流程导致的事故。

规范操作流程能够有力保障安全生产，有效防范事故的发生。在生产经营过程中，企业从业人员要通过多种方法和途径来保障操作流程的规范有序。

一要加强从业人员规范意识思想教育。安全生产规范操作涉及企业全体人员，而不是哪个部门或哪个人的事。在生产全过程中，所有从业人员和各部门都要树立规范意识，主动接受安全规范思想教育，经常总结反思，看看走过的路方向对不对，做过的事应该不应该，说过的话恰当不恰当，操作的步骤规范不规范。在不断地总结反思中，才能梳理经验，总结教训，推动安全生产制度有效落实，工作效率不断提高。

思想是行动的先导。企业实现严格管理，离不开全员安全教育，全员安全意识提高了，从内心深处认识到严格规范的重要性和必要性，认识到严格规范要求是安全生产的内在要求，是实现企业稳定、安全、可持续发展的现实需要。全员的思想意识提升到一定的水平，在实际生产过程中，就会时时处处按照安全生产各项规定，严格约束自己的思想和言行，主动摒弃漠视安全生产的错误思想观念，自觉远离各种违章违规操作行为，从而在企业上下营造起人人想安全、事事求安全、处处保安全的浓厚氛围。

二要通过制度规定对员工规范管理。企业制定的安全生产管理制度和规范，都是基于安全生产的需要而制定的，不是形式主义的教条，需要全员认真执行。平时工作中，要把各项重要的安全生产制度和操作规范上会、上墙，引导从业人员入眼、入脑、入心，让员工时时处处在制定规定约束下规范言行，使生产的每个环节都有据可依、有章可循，做到用制度管人、管事、管权。作为企业管理人员，要着眼于提高工作质量和效率的目标，严格认真地推行各岗位、各条线的工作标准，倡导推行安全生产标准化，以标准化要求改进作风、优化学风，影响激励全体从业人员团结一致，携手前行。

同时，面对网络信息化高度发展的新形势，企业要结合自身实际，充分用好信息化手段加强安全生产教育管理，在条件允许的情况下，要将可以流程化、痕迹化的制度机制和相关事项，全部纳入信息化管理平台，利用网络信息传播速度快、覆盖面广的特点，实现更便捷高效的管理。

三要严格内部监管和动态考核。完善制度机制是安全生产的制度基础，严格执行是关键所在，跟踪问效则是重要保障。在安全生产各个环节，都要建立健全严格的内部监管和动态考核机制。要从优化监管制度入手，从注重常态监管着眼，建立起防范化解问题隐患的内部监管长效机制，让每个从业人员在任何时候都不敢违章、不能违章、不去违章。在监管过程中，要注重事前、事中、事后的全过程监管，随时防范化解各类问题隐患，制止纠正员工违章行为。

在监管过程中，要明确重点，统筹兼顾。要重点加强物资采购、基建工程等重大事项监管，做到规范有序、阳光透明，避免暗箱操作，滋生腐败。对于安全生产各环节的业务性工作，要通过明察暗访、张榜晾晒、考核评比、严明奖惩等有效措施，实行动态考核、跟踪问效。督导考核还要注重公开、公平、公正的原则，对全体从业人员一视同仁，不能厚此薄彼、优亲厚友。要为真正能干实事、干成事的优秀人员加分，精神上给予激励，物质上给予奖励，激发他们的积极性和创造性，对于出工不出力、消极懈怠的人员，实行严格的惩罚措施，以鼓励先进、鞭策后进，在企业上下形成"比学赶帮超"的良好氛围。

操作规范是企业生存发展的基本要求，也是保障安全生产和员工生命财产安全的有力抓手。规范是约束，更是保护。企业上下都要牢固树立规范意识，时时处处想安全、促安全，让企业沿着稳定、安全、有序、高效的轨道持续发展。

7. 安全管理须到位，粗心管理酿大患

企业安全生产在创造经济效益和社会效益的过程中，需要时时处处加强安全管理，确保让安全管理制度和操作流程规范落实到生产经营的各个环节中。安全管理需要精细化，注重精、准、细、严，在管理的各种流程要做到细化、量化和标准化，保证各个环节、各个流程都在精细化管理上达到均衡，实现管理效果最优。

安全管理的到位，强调的是所有环节共同作用的结果，而不是某个环节的细化到位。某个要素的短缺，会使整个安全生产链条受到影响。因此，实施安全精细化管理，需要将精管理措施覆盖到每个环节，渗透到每个"缝隙"，建立起"纵到底、横到边、事事有落实、件件有回音"的安全生产保障体系。相反，如果一个企业，在安全管理方面，粗枝大叶，顾此失彼，没有章法，就容易埋下事故隐患的种子，甚至会酿成各种意想不到的安全生产事故。

☆□☆□☆□☆□☆□☆□☆□☆□☆□☆□☆□☆□

2017 年 9 月 12 日 9 时 30 分，某市某生物化工公司发酵车间，维修工周某和罗某根据检修企业计划，在办理完《进罐作业许可证》手续，佩戴好安全防护用品后，从罐顶入口处进入 3 号发酵罐内例行检修，由安全员陈某在罐口进行监护。

10 时 05 分左右完成检修任务后，周某和罗某沿罐内爬梯向罐口处攀登，在前面的周某攀登到第 13 阶爬梯时，爬梯横杆突然断裂，周某身体失控下坠，幸亏他腰间系着差速自控器安全绳，并且他双手及时抓住扶梯手。当断裂的横杆下落时，周某身后的罗某也及时接住，未让横杆砸在自己头上。此次事故，仅造成周某左手轻微擦伤，并未产生进一步的后果。

☆☆☆☆☆☆☆☆☆☆☆☆☆☆☆☆☆☆☆☆☆☆☆☆☆☆

从本次事故的成因上分析，主要是爬梯部分部位存在不安全因素导致的。但由于员工作业前，前期安全措施到位，员工安全防护措施得当，并且反应敏捷，才未造成严重后果。这个案例是安全管理到位，前期措施规范有序而让危害和损失降到最低的范例。

☆☆☆☆☆☆☆☆☆☆☆☆☆☆☆☆☆☆☆☆☆☆☆☆☆☆

2019 年 8 月 14 日 12 时 35 分许，某市某繁华路段道路施工过程中引发了气管道泄漏爆炸事故，造成 5 人死亡，76 人受伤。后期调查组进行现场调查时发现，该市施工企业在实施道路改造工程过程中，挖掘机挖断地下中压燃气管道，导致燃气泄漏，空气中燃气浓度突破极限，受到不明火源影响，引起爆炸。调查中还发现，该施工企业系违规获得中标资格的不合格企业，企业资质和工程管理都有较多缺失，同时该市燃气企业之前未和道路施工企业充分沟通，也未制订燃气设施保护方案，并且未派专人到施工现场进行指导监护。另外事故现场处理秩序混乱，地方有关部门也未严格落实监管责任。

☆☆☆☆☆☆☆☆☆☆☆☆☆☆☆☆☆☆☆☆☆☆☆☆☆☆

这起事故造成的损失很大，反映了安全生产管理不精细、不到位，是非常容易引发事故的。在安全生产过程中，企业从业人员务必高度重视安全管理的精细、到位，不可随意管理、本末倒置。一旦管理粗放、程序混乱，就很容易出现各种各样的漏洞和缺陷，在任何一个环节出现漏洞缺陷，就会在不同程度上影响到整个安全生产的流程，甚至引发事故。企业要想做到管理的规范化和精细化，要注意以下几方面。

首先，树立安全管理"首位意识"。生产经营单位，从管理人员到普通员工，都要切实提高思想认识，牢固树立安全管理在企业生产经营中的"首位意识"，安全稳定是压倒一切的，是保证企业健康发展的前提和基础。所有从业人员要在思想深处拧紧思想上的"安全阀"，牢固树立如坐针毡、如履薄冰的危机意识。体现在行动上，要注重把安全管理的各项措施规程落实到生产经营的每个环节、每个细节，抓源头、抓预防、抓排查、抓整改、抓提升，全力保障企业安全生产有序稳定。

其次，不断健全完善安全管理体系。生产经营活动是动态的，对于安全管理的要求也是需要随时进行完善提升的。因此，企业安全管理制度体系，不能一成不变，也不要墨守成规，而要根据生产实际过程中的变化和需要，对原有的安全管理制度机制进行修改完善和提升，使各项管理制度能够与时俱进，更好地适应不断发展变化的安全生产形势和需求。

再次，拧紧行动上的"安全阀"。制度机制是指导性的工作标准和要求，在实际操作层面，更要注重理论和实践相结合。这就要求企业务必严格落实安全生产责任制，把前期制定出台的各项安全管理制度规定，落实到每个从业人员头上，落实到生产经营的每个岗位、每个部门、每个细节中。要针对不同季节变化、任务要求、环境改变、对象不同，分别确定不同的管理重点，结合实际，对症下药，精准管理，尽早发现和消除影响明显和潜在的各类问题隐患，做到早发现、早整改、早提升，把各类安全事故消灭在萌芽状态。

最后，坚持全员严格管理。安全管理制度适用于企业每个从业人员、每个部门和每个生产环节。在管理过程中，要注重抓全员、全员抓，确保一个不漏，一步不落。抓全员，需要充分发动全体从业人员，把安全管理工作目标分解到每个人身上；全员抓，要求全体从业人员把管理责任细化分解到每个生产环节中。正如生产经营领域中的一句格言中说的"千斤重担众人挑，人人肩上有指标"，只有抓全员、全员抓，各类事故才能够做到可防可控。

安全管理事关全局，事关全员。要注重每个细节，按照深、细、实、早、严要求，把安全管理的责任落实到全员、融入全局，形成共同推动安全生产形势稳定有序的大好局面。

8. 制度贵在落实，生产才能真正安全

安全制度的重点是落实，只有把安全制度真正落实到实际工作中，引导企业全体人员和各部门严格执行，才能让安全制度发挥应有的作用，从而让企业的安全生产秩序和员工的生命财产安全得到保障。

☆☆☆☆☆☆☆☆☆☆☆☆☆☆☆☆☆☆☆☆☆☆☆

2019年6月，某市应急管理局接到某公司员工举报，反映该公司有8名劳务派遣人员未进行岗前培训，就安排上岗作业，致使其中一名劳务派遣工人在拌料混合车间受伤。市应急管理局接到举报后，立即派出工作组前往该公司调查核实。在调查了解中得知，员工举报问题属实，且该8名劳务派遣人员是通过各种关系托人进入该公司的。事实清楚后，根据《安全生产法》相关规定，应急管理局责令该公司限期改正，并处以2万元行政罚款。

☆☆☆☆☆☆☆☆☆☆☆☆☆☆☆☆☆☆☆☆☆☆☆

该案例反映出，涉事公司违反了对派遣劳动人员教育培训的制度规定，违规使用劳务派遣人员上岗，导致事故产生。在安全生产领域，有些生产经营单位为了降低劳动力成本，节省支出，使用很多劳务派遣人员，对这些人员又缺乏相应的安全生产教育培训，劳务派遣人员无法对

相关制度规定熟悉、掌握，在生产过程中很容易违章违规，从而导致事故的发生。

安全生产管理制度得不到有效和有力的落实，原因是多方面的，比如，制度本身不符合企业的生产实际、过于烦琐、不便于操作、制度规定不能做到与时俱进、原则性与灵活性存在矛盾、细化量化操作标准过严过高、宣传发动不到位、领导不能模范遵守、制度落实情况监督考评不到位等。这些原因都影响和制约管理制度的落实成效和力度，需要安全生产单位充分注意并着力解决。制度的制定出台，不是用于看的，而是用来做的。制度再严密、再系统，如果从业人员不去认真执行和严格落实，就只能等同于一纸空文，没有意义和价值。因此，行动的意义远远大于喊口号。安全管理制度的落实，要注意从以下几方面着手。

注重管理制度的科学性。因为有些管理制度本身不科学、不符合实际，或不便于操作，导致难以有效落实，因此，企业要从制度规定本身入手，进行梳理总结，对于不合理、不规范、不易操作的部分进行修订、完善和提升，使之契合企业发展实际和生产工作需要。管理制度科学规范、符合实际了，会有效改变落实不力的问题。

强化企业领导带头。火车跑得快，全靠车头带。企业领导作为企业的领导者和决策者，一言一行都被员工看在眼里。如果领导不带头遵守安全管理制度，仅去约束管理员工，就会让员工产生抵触情绪，不愿意去执行和落实这些管理制度，这样一来，领导的公信力和权威性也会受到影响。在安全生产中，企业领导要做到以身作则、率先垂范，要求别人做到的，自己先做到，禁止别人做的，自己决不去做，只有这样才能树立威信。同时，领导带头执行落实制度，是自身素质的体现，是求真务实的体现。领导带头执行安全管理制度，不要怕吃亏，不能怕麻烦，在用制度规定对员工耳提面命的同时，先从自己入手，自己当好表率，员工的执行力也会大幅提升。

持续加强制度教育。管理制度完善了，如果员工不熟悉、不掌握，也难得到有效落实。因此，在制定完善管理制度后，企业要注重对员工开展教育培训，让大家熟悉掌握有关规定，当员工通过教育引导，把制度规定融入自己的头脑中，就能形成一种习惯和自觉，在生产过程中，就能够认真执行落实这些制度规定。对员工的安全管理制度的教育，要持续开展，不能仅为一时所需而匆匆搞几次培训，开几次会，一旦完成阶段性生产任务，就放松了教育，这样做会导致一些管理制度难以在员工头脑中留下深刻印象，容易遗忘。

建立健全监督机制。制度的有效落实，离不开加强监督。生产经营单位要综合利用内外监督、上下级监督、员工互相监督、社会监督、上级监督、新闻舆论监督等多种方法，建立健全科学严密的监督机制和体系。在具体实践中，要让各类监督方式形成互补，多方联动，确保各项管理制度有效落实。在诸多监督方式中，领导监督起主要作用，需要企业负责人在带头执行制度的基础上，抓好对整个企业内部的全方位监督。在监督过程，要敢于较真碰硬，遇到问题不回避、不推诿、不应付，要本着实事求是、客观公正的原则，对发现的制度落实不力的人员和部门，根据性质和严重程度，分别依规依纪给予相应惩戒措施。

明代名臣张居正有句话："天下之事，不难于立法，而难于法之必行。"制度规定再严密科学，得不到有效落实就形同虚设。安全生产工作虽然头绪多，但只要制度规定落实到位、有力，企业安全生产的好局面就能得到很好的落实。在制度规定面前，只有全体从业人员都重视，都执行，都监督，才能营造出符合现代企业稳定发展的良好安全氛围，才能真正筑起捍卫我们安全生产和生命健康的"坚固堡垒"。

第六章
提高安全技能，筑牢安全"基石"

　　每名员工都承担着生产经营的不同任务。岗位虽不同，安全职责却相同。提升安全技能是保障岗位安全的关键。每名员工都应在各自的职责范围里，熟悉掌握制度规定和相应的操作规范。唯有理论入于脑，技艺傍于身，技术显于行，安全生产的"基石"方能牢不可破。

1. 用精湛的技术护航安全

安全生产领域发生的很多事故缘于员工的错误操作，这类问题属于技术层面范畴。在生产过程中，想减少因技术层面引发的安全事故，有效的途径是企业通过技术进步手段来保障，用精湛的技术为安全生产保驾护航。

掌握运用精湛的技术，需要有足够的人才支持和经济投入，有些企业管理人员缺乏远见卓识，舍不得在技术保障方面加大人才引进和资金投入力度，仍然让企业在技术支撑力不足的情况下维持运营，这种状态就容易引发生产事故，如果发生大的事故，可能让企业走向破产。

☆☆☆☆☆☆☆☆☆☆☆☆☆☆☆☆☆☆☆☆☆☆☆☆

某电动车厂在一年之内，发生了5起车辆电池包自燃的事故，导致3名工作人员不同程度受伤。为什么这家企业危险频发呢？

这家企业负责人吴某以前在某新能源电动车厂任营销总监，后来辞职创办了这家企业。受以前的工作性质影响，吴某组建自己的企业后，把主要精力放在营销团队管理和市场公关上，而对于技术团队人才培养和技术研发明显用力不足。

吴某为了节约人工成本，在选用员工的时候，不注重员工是否掌握了专业的技术，在上岗前也只是进行简单的培训。这5起车辆电池包自燃事故都是因为几名员工没有熟练掌握电池通电技术导致电芯短路而引发的。

　　后来，随着不同型号批次有技术缺陷的电动车流入市场，又相继发生过数次电动车爆燃事故，造成了极其严重的社会影响，直接经济损失数百万元。最终这家企业只能以倒闭告终。

☆☆☆☆☆☆☆☆☆☆☆☆☆☆☆☆☆☆☆☆☆☆☆☆

　　精湛的技术是员工保证自身安全和企业发展的重要支撑。这家电动车厂之所以会事故频发，最终导致企业倒闭，最重要的原因就是工作人员的技术不过关，技能不够精湛。员工要具备精湛的技术，管理者要重视员工的技能培训，企业要注重技术的研发，只有这样才能保证员工的工作安全和企业的健康发展。

　　近年来，我国工业化转型升级步伐不断加大，科学技术不断发展，安全生产领域整体事故率呈逐年下降趋势。这在一定意义上体现出技术进步对安全生产具有比较有效的保障作用。如今，安全生产领域已迎来自动化、信息化、大数据和智慧化的时代，先进的科学技术为安全生产诸多问题提供了很好的解决方案，依靠先进设备和精湛技术保障安全生产是有效途径，这一点也正逐步成为业界人士的思想共识。

　　安全生产技术的意义和价值体现在精湛技术与安全生产的有机融合，把娴熟的技术广泛应用到生产经营的各个环节中。企业员工用精湛的技术、完整的操作、细致的态度保障安全生产。可从以下几方面提升员工操作技术的精湛程度。

　　引导员工熟练掌握技术。企业生产经营活动的安全，离不开员工娴熟的技术。因此，企业在生产管理过程中，要加大人力物力和财力投入力度，尤其要注重教育引导从业人员熟悉掌握各项技术操作要领和技术规范要求。可通过定期聘请专家开展技术指导、业务尖兵传帮带等方式，提高从业人员技术掌握能力和水平。

不断修改完善技术操作规范和要求。在企业生产经营活动中，一些技术操作规范方面的规定要求是否科学严谨、是否符合生产实际、是否便于操作，直接影响到技术水平的高低和员工执行力的强弱。因此，企业要针对安全生产各环节的实际情况，对相关的操作规范和流程要求，不断进行修改完善，使之更加符合实际，更加简便易行。只有这些规范要求合理、科学和易于操作了，员工才不至于产生厌倦情绪和抵触情绪，对操作规范和流程的执行力才能逐步增强。

指导员工完整仔细操作。有时候，企业员工的技术水平并不低，对于安全操作的技术要领和规范的掌握也足够系统全面，但在具体生产过程中，会因为操作程序不完整、工作不够细致而产生各种问题和偏差。在这种情况下，需要企业加强对员工的监督和指导，督促他们严格按照规定程序，完整准确地进行操作，同时要时时处处细致、细心，不放过任何一个疏漏，千方百计杜绝因操作程序不完整、不规范、不细致而引发的安全隐患和事故。

2. 提升专业技能，成为安全生产的高手

　　安全生产是一项复杂的系统工程，安全生产从业人员需要有真本事，熟练掌握相应的操作要领，具备丰富的实践经验或者管理能力，这就要求从业人员既要懂本行业领域的专业知识，又能沉着应对并妥善处理各种新情况、新矛盾和新问题。从业人员专业技能水平的高低，直接影响到企业的生产效益、效率和业绩。

　　企业员工担负着企业发展壮大的重要职责使命，也承载着国家和社会的重托。在专业性非常强的安全生产领域，不仅需要靠专业的技术维系整个系统运转，还需要靠丰富的工作经验来保障企业的安全稳定有序发展，保障从业人员自己和他人不受到各种伤害。所以，企业员工要始终抱着对企业、对社会高度负责的态度，时刻有一种"本领恐慌"的意识，自觉主动地学习各类知识和技能，不断提升本领，丰富阅历，提升自我，成为安全生产的高手。

☆☆☆☆☆☆☆☆☆☆☆☆☆☆☆☆☆☆☆☆☆☆☆☆

　　2019年1月8日，某发动机厂发生一起安全事故。当日上午，该厂大件车间二组工人谢某与其徒弟刘某操作立钻加工机油泵壳体。谢某先加工了20多件后，由刘某上岗操作。刘某操作立钻刚半年的时间，还没有练就娴熟的专业技能，11时

左右，刘某在装夹零件时，因左侧压板未推到位，在未停机的情况下，伸出左手绕过正在旋转的铰刀至左侧推压板，不慎被铰刀挂住左衣袖，左手臂绞到铰刀上，造成左肱骨中下段闭合型骨折。

☆☆☆☆☆☆☆☆☆☆☆☆☆☆☆☆☆☆☆☆☆☆☆☆☆☆

机械设备操作有着严格的操作规程和技术要求，如果操作人员安全意识淡薄，专业技能不过关，甚至违反操作规程，事故就在所难免。案例中出现事故的刘某，就是专业技能差，违规操作的典型。并且作为师傅，谢某对徒弟刘某的指导监护也不到位，属于管理方面的失位，也间接造成了事故伤害。

安全生产不是儿戏，容不得半点儿马虎。所有从业人员只有具备专业的学识、熟练的技能和丰富的经验，才能保障生产各环节的工作有序开展，有效保障集体财产和个人生命财产不受到威胁。在具体工作中，从业人员要通过以下途径来提升技能。

勤于学习钻研。随着社会的发展和科技的进步，在安全生产领域，很多新情况、新规律、新问题不断出现，靠所谓"老经验"和"老技术"，已经不能适应现代企业发展的现实需要。这就需要生产经营单位所有从业人员树立"活到老，学到老"和与时俱进的思想，不断学习、思考和钻研，掌握新形势下对安全生产方面的新要求、新技术，要结合企业实际，干什么学什么，缺什么补什么，有的放矢地精准学习。不仅要通过书本、网络、授课、会议等形式学习相关的理论知识，也要系统学习掌握专业管理技术、实践操作技术，努力让自己成为企业的行家里手、业务精英。

注重理论结合实践。"光说不干，事事落空；又说又干，马到成功"，这句俗语反映了理论与实践结合的重要性。历史上只会纸上谈兵的赵括成为千古笑话。现实中，也不乏只有理论知识，没有实践技能的人。这类人因为缺乏实践经验，很难把自己学到的知识和技能运用到实践中去。在安全生产领域，尤其需要从业人员做到理论和实践相结合，要在学习掌握丰富的知识技能的基础上，结合岗位实际，反复动手操作，用理论、知识和技能指导规范操作行为，不断尝试、不断思考、不断改进、不断提高。

经常开展调查研究。安全生产责任落实靠企业，工作推动靠员工，督促提升靠领导。作为企业管理人员，同样也需要掌握相应的技术要领和管理技能。企业管理人员虽然不在生产一线具体操作，但也要学习掌握基本的操作规范，这样才能在督导检查时敏锐地发现问题，指出不足，督促整改。从这个意义上说，企业管理人员技术技能的提升，开展经常性的督导检查和调查研究是重要的途径。在平时的生产过程中，企业管理人员不能总是坐在办公室里，听听汇报，遥控指挥，而应该沉下身子，放下架子，时常到一线、到部门、到班组、到车间督导督查和调查研究，带着问题督导，带着课题调研，以便于发现问题、掌握情况、改进提升。

员工是企业生产中最活跃的因素。企业多培养专业技能高超的行家里手，能够有效发挥好岗位能手的中流砥柱作用，也能让他们发挥好传帮带作用，影响带动更多员工成为安全生产高手，共同为企业安全生产保驾护航。

3. 行为达到零缺陷，力争安全零事故

许多事故的发生都是由于员工不安全行为导致的。员工的不安全行为包括不佩戴防护用品、不按安全规范操作、缺乏安全防护意识等。要想安全，就要调整员工的行为方式，使行为规范，避免失误，减少事故发生。企业员工要做到行为零缺陷，力争实现零事故。

当前，很多企业在生产中，坚持"零缺陷、零事故、零容忍"的理念，注重在每个环节都严格控制工作质量，严格约束员工行为，全力保障安全生产零事故，对因工作中存在缺陷失职引发事故的，严肃问责。

安全，既需要人的安全行为，也需要物的安全状态才能保证。而物的不安全状态大多数是人的不安全行为造成的，是人的操作失误或管理缺陷导致的。在安全生产中，员工的不安全行为有各种表现形式，表现形式不同，所带来的负面影响也有所不同。主要有以下四种表现形式。

（1）设备故障未排除时操作。在现实中，有时候机械设备出现故障，有的员工因为赶进度或其他原因，会选择在还没有彻底修理好之前，冒险继续操作，这样很容易产生新的问题，导致事故发生。

☆☆☆☆☆☆☆☆☆☆☆☆☆☆☆☆☆☆☆☆☆☆☆☆☆

2018 年 7 月 22 日，某印刷厂第三车间切纸机出现电路集成模板故障。维修人员发现问题后，因为当时手头没有适合型号的集成模块配件无法替换。操作工小刘为了不耽误生产进度，就让维修人员用一个相关参数接近的配件换上。结果在作业时，因更换的元件参数不匹配，导致切刀运行失速，小刘左手四根手指被切断。

☆☆☆☆☆☆☆☆☆☆☆☆☆☆☆☆☆☆☆☆☆☆☆☆☆

该案例属于在没有排除故障的情况下操作引发安全事故的典型案例。在没有彻底排除机械故障前，无论出于什么原因，都不能冒险继续操作，否则就很容易引发安全事故。

（2）速度超过允许范围内操作。主要是指从业人员在设备或车辆超过安全范围内违规操作。在设备速度不正常的情况下操作，容易受周围环境影响而产生事故。

☆☆☆☆☆☆☆☆☆☆☆☆☆☆☆☆☆☆☆☆☆☆☆☆☆

2017 年 5 月 23 日，某交通运输公司司机项某，驾驶该公司 45 座大巴在某山区盘山公路上行驶，因为车速偏高，在一处急转弯上坡路段，车辆撞坏路边护栏跌入山谷，导致 19 人死亡、22 人受伤。

☆☆☆☆☆☆☆☆☆☆☆☆☆☆☆☆☆☆☆☆☆☆☆☆☆

因超过了设备允许的正常速度范围，就会影响到机械的安全运行，在不安全的速度下违规操作，很容易导致发生安全事故。

（3）使用不安全的设备。在生产过程中，有些设备有各种潜在的不安全因素。有的属于设备质量不达标，有的属于设计有缺陷，有的属于受外界环境影响让设备出现安全隐患。员工使用这些不安全的设备，容易产生各种安全事故。

（4）在不安全的位置操作。在安全生产领域，不同行业有不同的操作规范流程。有些企业在生产过程中，员工处于不安全的位置或采用不安全的操作姿势，容易产生各种意外。

☆☆☆☆☆☆☆☆☆☆☆☆☆☆☆☆☆☆☆☆☆☆☆

2019 年 8 月 11 日，某小区建筑施工工地内，员工周某在脚手架正下方运送灰浆。突然上方的脚手架一节环扣脱落，一根钢管掉落正砸在周某头上，尽管周某当时佩戴了安全头盔，还是造成了头部受伤。

☆☆☆☆☆☆☆☆☆☆☆☆☆☆☆☆☆☆☆☆☆☆☆

周某在作业时，因身处的位置不得当，脚手架钢管跌落猝不及防，产生伤害就难以避免了。在生产过程中，员工一定要注意周围的工作环境，尤其不能在有明显或潜在危险的环境下作业。

导致不安全行为的原因是多方面的，有人自身对过负荷不适应，如超体能、有疾病疲劳时的超负荷操作，也有与外界刺激要求不一致时，出现要求与行为的偏差。此外，还由于对正确的方法了解不清，而采取不恰当的行为等。所以企业要加强行为安全管理，及时对各种不安全行为进行观察和干预，及时发现、制止和纠正员工各种不安全行为，要把行为零缺陷作为目标追求，力争实现安全零事故。具体工作中，包括以下步骤。

（1）注意观察。企业各级管理人员要经常深入作业现场，随时观察员工的行为，一旦发现员工有不安全行为，立即阻止并进行教育引导，确保今后不再出现类似错误。

（2）适时表扬。企业管理人在进行观察巡察时，对于模范遵守安全操作规程，注重行为安全的员工，要适时进行表扬。尤其对于长期注重安全生产行为规范的员工，更要经常进行表彰表扬，发挥好正面典型的示范带动作用。

（3）组织讨论。企业管理人员在观察过程中，如果发现不安全行为，要组织班组管理人员和员工代表，共同对不安全行为的表现形式、状态和可能产生的后果，进行分析与论证，群策群力，共同研究制定行之有效的防范措施，引导员工如何更好地避免不安全行为。

（4）经常沟通。在生产过程中，管理人员要多与员工谈心交流，多鼓励、信任、支持优秀员工。对于如何安全工作、做到行为零缺陷等话题，多与员工交流意见，多听取他们的意见和建议。

要想安全，就要调整人的行为方式，培养良好的行为习惯。保证行为安全，才会有真正的安全。尽管企业中人员层级不同、工作岗位不同、具体分工不同，但都需要有人员行为上的规范性要求，对于各级管理人员来说，要重点做好安全行为的管理、监督和考评等工作；对于一线人员来说，要注重生产各环节的各类行为安全。"众人拾柴火焰高"，如果企业上下都把行为零缺陷作为目标和追求，那么，安全生产零事故的目标也不难实现。

4. 标准化作业，提高避险能力

保障生产安全，提高避险能力，离不开标准化作业的坚实支撑。标准化作业的概念不难理解，就是在安全生产中，在对生产环节进行充分的调查分析基础上，把现有的作业方法的每个步骤环节进行分解，以科学技术、规章制度和实践经验为依据，以安全、质量效益为目标，对作业过程进行改善，从而形成一种优化作业程度，逐步达到安全、准确、高效、省力的作业效果。标准化作业是基于对作业过程的科学分析和研讨论证形成的作业规范流程。

企业所制定的操作规范和标准，是科学检验的结果，是生命的代价和事故的总结换来的成果。企业员工必须严格按照标准化作业要求工作，任何一个环节不能敷衍，不能省略。否则，事故一旦发生，一切都无法挽回。

☆☆☆☆☆☆☆☆☆ "三违" ☆☆☆☆☆☆☆☆☆

　　某化工厂在生产过程中，没有系统编制标准化作业指导性文件，只是依靠几名经验丰富的老员工带动指导新员工进行操作。起初，这样做还能让企业生产秩序正常进行。但过了几年，这些老员工相继离岗，在作业流程方面出现了断档问题，很多新员工不能熟练掌握标准化作业的要领，使企业发展面临着很大难题，甚至后期因没有标准化作业规范而导致企业出现了两次较大安全事故。企业遭受了巨大损失，市场竞争力也不断下降。

☆☆☆☆☆☆☆☆☆☆☆☆☆☆☆☆☆☆☆☆☆☆☆☆☆

如果该企业制定了标准化作业指导性文件，同时约束员工时时处处严格执行了，就不会出现因人员更替而导致的发展困境。

☆☆☆☆☆☆☆☆☆☆☆☆☆☆☆☆☆☆☆☆☆☆☆☆☆

　　2015 年之前，某大型家具厂因为作业标准化程度不够而经常发生安全事故，平均每年各类大大小小的事故在 3 起以上。2015 年 7 月份，该厂实行机构重组，企业换了新领导。新班子充分意识到之前安全事故多发的严重性，经过多次分析论证，找出症结所在，又组织相关人员到其他同行业企业对标学习了多次，最终结合企业实际，制定了《标准化作业流程规范》，印发全厂。通过专题培训、专题测试等形式，严格要求全体员工执行。此后，该企业再没发生过因作业标准化程度不够而引发的安全事故。

☆☆☆☆☆☆☆☆☆☆☆☆☆☆☆☆☆☆☆☆☆☆☆☆☆

实践充分证明，企业推行标准化作业，是在生产中不断寻找最合适的操作方式和方法的过程，员工按作业标准化执行，能够有效避免各类安全风险和事故，提高生产效率和产品质量。标准化作业应该注意以下几方面。

作业过程标准化。要求做到作业程序和过程上的标准化，在具体操作层面包括宏观和微观两个维度。宏观方面包括生产经营过程中的工序衔接标准、作业人员轮班或交接班标准等；微观方面主要是在生产环节中某个具体的操作程序。无论是宏观方面还是微观方面，都要求企业员工严格按照标准化要求进行操作，实现作业过程的标准、安全和有序。

作业制度标准化。企业实行作业制度标准化，需要体现企业经营与发展战略，科学确定和阐述实施作业管理的方针和原则等内容。要准确、规范而恰当地说明安全管理的目的，以及需要实现什么样的具体目标，从而根据企业具体的生产经营活动和管理特性，分别规划设计相应的标准化作业制度指标体系。作业制度标准化，要规定管理空间和时间范围，保证企业每项活动或业务都实现明确的标准化管理。要选择和确定管理方法手段，在过程管理中实现规范化。另外，企业还要明确考核评价标准、考核程序和方法、利益分配以及奖惩措施等内容，使整个过程都做到标准化。

设备维护保养标准化。生产设备是企业生产经营过程中的重要工具和载体，为保障安全有序生产，企业要注重设备维护保养的标准化操作。要结合设备购置、流转、维护、保养、检定等方面，制定完整的设备管理办法。在此基础上，对设备数量记录、设备技能档案、维修检定计划、记录等内容，有序有效规范实施。设备维护保养标准化还要求各种设备器具能够符合生产工艺规程要求和工序能力要求。

物料管理标准化。物料管理的规范有序有助于保证整个生产环节的流畅衔接。这就要求企业制定并执行明确易操作的采购、仓储、运输、质检等管理制度，要建立并认真执行好外购件进料验证、入库、保管、标识、发放制度，严格控制相关物料的质量及数量。同时还要保障生产物料信息管理有效，以保证一旦发生质量问题时可以追根溯源。

作业环境标准化。生产经营单位的作业环境事关生产秩序安全和员工人身安全，企业需要打造一个规范、标准、舒适的工作环境来保障安全。比如，工作环境中的温度、湿度、光线等，要符合工序及检验作业指导书的要求，生产环境中各种相关的安全、环保设备措施要齐全完善，员工的健康安全也要符合法律法规的有关要求。同时，生产环境还要求做到清洁、整齐、有序，不能堆放与生产无关的物料，与生产有关的物料要规范放置。

对于企业而言，标准化作业的意义和作用是有目共睹的，标准化作业有利于规范员工管理，提高生产效率，积累工作经验，更能有效规避各类安全风险隐患，从而达到安全、准确、高效、省力的生产发展目标。

5. 运用知识技能，筑起技能保安全的"防波堤"

    安全是企业生存、发展与壮大的"保障线"，没有安全，质量、效益等都将无从谈起。安全的保障，需要依靠扎实的知识技能去实现。有知识技能作为强有力的支撑点，安全生产的基础才能稳固。

    在安全生产各个领域，知识和技能都是宝贵的财富，它们是促进企业改革创新、提高管理水平和产品质量、改进生产工艺、优化操作流程、提升企业综合竞争力的重要智力支撑。而这些知识和技术都需要员工来学习掌握，需要整个团队来推动实施。因此，企业运用知识和技能保障安全，需要进行团队运作，涉及企业三个层面的人员。

    领导人员。指的是企业的管理和决策方面的人员。企业负责人是企业的灵魂和支柱，他们的角色非常重要，领导决策层面的人推动企业运用知识和技能的组织实施和应用工作。

    主管人员。企业的中层人员是开展知识技能运用承上启下的群体，他们主要负责企业知识技能运用的落实和管理，职能涉及知识管理和技术支撑两个方面。比如，很多企业会依据实际情况设置知识管理中心或知识管理部，由部门主管人员负责管理；在技术支撑方面，有些部门会根据企业生产实际，设置技术发展部、技术战略与发展部、技术过程改善中心等部门，分别由业务技能操作熟练的骨干负责运行。

执行人员。这类人员是负责知识技能运用实践和应用方面的人员，比如，项目负责人、部门负责人以及广大企业员工。相比而言，这个群体在企业中占的比例最大。

☆☆☆☆☆☆☆☆☆☆☆☆☆☆☆☆☆☆☆☆☆☆☆

　　2019年4月18日，某棉纺厂组建了"专家团"，成员由本企业7名工龄20年以上的技术专家和岗位能手组成。该企业组建专家团的初衷是加强"老带新"工作，让技术专家和有高超的专业技能的岗位能手，影响带动新员工，减少失误环节，保障安全生产。企业给予了这7名专家团成员优厚的福利待遇，明确由他们负责每半个月为新员工开展一次技术指导培训，每季度牵头负责开展一次技术技能考试考核。同时，还定期不定期组织他们深入生产一线，对员工进行现场指导。专家团7名成员不负厚望，发挥了很好的"传帮带"作用，员工们都亲切地称呼他们为"定盘星"。

☆☆☆☆☆☆☆☆☆☆☆☆☆☆☆☆☆☆☆☆☆☆☆

企业员工知识技能的获得和提高，除了通过自身加强学习以外，借助技术专家和岗位能手进行辅导和教育，也是一种行之有效的方法。如今，很多企业采取这种方式提高全员专业技能水平，取得了不错的效果。

为进一步筑牢安全生产的"防波堤"，促进企业安全稳定高效发展，各个企业需要做的"功课"很多。公司加强安全管理，注重普及并有效运用安全生产知识和技能，可以通过以下途径着手。

（1）推动"学习、思考、实践"的循环。人的知识技能不是与生俱来的，需要通过个人的学习再学习而逐步获得，在学习过程中需要不断地思考和巩固学习的内容。当一个人掌握了一些知识技能，还需要通过反复的实践来检验学习的成效。所以，学习—思考—实践这三个步骤，需要环环相扣、逐步推进，三者之间是相互影响和相互促进的，任何一点都不能偏废或者省略，否则就会影响到知识技能学习掌握的成效。

（2）推动"在职培训、对外招聘、聘请顾问"的融合。这是基于企业的运作方式而言的。在安全生产过程中，企业应当根据工作需要，分期分批分专题，适时组织职工参加在职培训，员工的知识和技能在上岗前可能有一些学习和掌握，但在生产实践中，还需要通过岗中培训来进行巩固和提升。企业如果想补充"新鲜血液"和"新生力量"，则需要组织对外招聘，通过人才市场和劳务输出等方式，招录一批掌握新知识和新技能的员工，这是企业整体的一种知识技能的补充，也是增强企业发展活力、丰富人才梯队结构的良好路径。聘请顾问则是企业借助外界专家团队增强自身知识技能储备的重要手段。企业以在职培训为主，对外招聘和聘请顾问为辅，三者互相融合共同促进整个企业知识技能水平的提升。

（3）推动"传播、监管、提升"的优化。这是从企业的管理行为来说的，企业通过教育培训把符合生产经营活动需求的知识和技能传授给员工，能够进一步优化员工知识技能结构，而企业对员工知识技能的掌握情况和运用情况进行监管和检查，能够促进员工掌握运用知识技术，更好地服务于生产和经营活动。同时，企业对员工知识技能传播和监管的过程，也是对员工知识和技术运用水平的提升过程。

企业的安全生产，需要科学、规范地运用新知识和新技能，将其灵活运用到企业生产经营的每个环节和每个细节，有效筑起技能保安全的"防波堤"。

6. 技术小创新，促成生产大安全

　　创新是引领发展的第一动力，也是让企业在以改革发展为主基调的时代大潮中能够与时俱进、阔步前行的源泉。

　　在安全生产领域，有很多企业根据市场经济发展的变化，立足于做大做强自身，提高产品科技水平，增强企业核心竞争力，在推动技术创新方面，做出诸多有益的改革、尝试和探索，保证了企业安全有序的发展，成为业界的榜样和表率。

☆☆☆☆☆☆☆☆☆☆☆☆☆☆☆☆☆☆☆☆☆☆☆

　　2018年4月份，某石煤机公司推出了一款"神器"：可调节式画线专用胎具。用于对随车起重机产品的零部件进行画线作业，为下一步的工序提供科学参考。之前，该公司在开展这项作业时，面临一些大型零部件进入画线工序时，因为加工孔在工件的不同表面，需要天车配合画线工把零部件进行多次翻转，才能准确画好各个孔位的位置线，非常费力耗时。而且一些零部件外部轮廓不规则，翻转画线过程中不容易找平定位，导致存在零部件滚动滑落的安全隐患。鉴于这些原因，公司技术部加大了安全技术研发力度，经过多次分析论证和实验，最终研究出一套可调节画线专用胎具。胎具分为两部分，分别放置在零部件前后端，在画线作业时，可以根据零部件外形进行高低、宽窄等多向调节，保证了工件翻转后不发生倾斜滑落现象，不仅提高了画线效率，还有效保证了生产安全。

☆☆☆☆☆☆☆☆☆☆☆☆☆☆☆☆☆☆☆☆☆☆☆☆

在安全生产过程中，一些工序会存在不同程度的安全隐患，相应的工具使用和技术要求也比较严格，如果工具使用不得当或安全技术存在缺陷，就容易产生安全隐患。该石煤机公司在零部件画线作业中进行的技术创新，是企业技术小创新、促进生产大安全的成功探索。

当今的市场竞争是综合实力的竞争，已经不再是单纯的价格战和产品品牌效应方面的竞争，需要从技术含量、质量优劣、安全生产局面等多个方面进行竞争。在实践层面，企业加强技术革新，保障生产安全，要从以下几方面持续发力。

首先，提高技术创新能力。企业的发展离不开懂技术、会管理、业务精湛、工作敬业的德才兼备高素质人才。这些人才对于企业管理和生产操作具有引领示范作用，他们掌握的先进科学技术和管理经验，能够充分运用到企业管理和生产的每个环节中。因此，企业要重视人才的培养，通过竞聘、招录、考核、培训等多种方式，培养造就创新意识敏锐、知识结构丰富、业务技能精湛、管理经验丰富的专家人才队伍，在企业内打造一支有较强科技研发能力和市场营销能力的人才梯队。同时，企业还要建立健全科学的人才创新激励机制，助力企业安全生产、高效发展。

其次，提高技术研发能力。企业在发展过程中，为了更好地适应市场竞争需求，需要根据形势发展需要，不断提高科技研发能力，对企业现有的研究开发条件进行改善和提升，并组织专家团队，致力于产品性能、质量、生产工艺等方面的创新发展，尤其是要抓好前沿性关键技术领域的攻关，以此影响拉动创新性应用技术的开发。在提高研发能力方面，企业负责人要树立长远的战略意识，保障技术研发方面人力、物力、财力等的充足，为提高自主开发和创新能力奠定坚实的基础。同时，还要依据市场经济发展的新要求，加快研发拥有自主知识产权以及生产技术的新、优、特产品，提高市场竞争力。

再次，提高技术转化能力。企业推动技术创新的归宿是把创新的成果规模化、批量化地运用到生产经营的全过程，为企业安全生产保驾护航，从而创造出更好的经济效益和社会效益。科技创新的成果和集体智慧的结晶，也应成为企业上下共享共用的成果。企业要想最大限度保障生产安全，创造出更多优质产品，必须充分利用好技术创新的宝贵成果，以技术创新和科技进步为依托，有效提升技术创新的转化水平。

最后，提高安全保障能力。企业的发展壮大，永远离不开安全的基础保障。无论是生产工艺的改进，还是产品竞争力的提升，都需要以安全保障作为支点和依托。因此，生产经营单位的决策层，要时时处处把安全保障放在重要位置，在推动技术创新方面，注重加强安全生产基础性保障方面政策、机制、方法的创新，把安全管理、安全操作、安全运行方面的新方法、新技术、新经验贯穿于生产经营的每个环节，始终让企业沿着科学、规范、安全、高效的轨道稳步前行。

任何一个企业都需要用到方方面面的技术，任何一家企业都是多种技术综合运用的有机结合体。在一定意义上看，企业的创新发展是技术革新的产物，技术创新是技术发展的结晶。而且从理论和实践角度看，技术创新是推动企业安全生产的主导因素，技术创新能够促进企业构筑和保持自身在某一领域或多个领域的竞争优势。

创新无止境，探索永远在路上。技术创新的一小步，就是安全生产的一大步。现代企业要想在日益激烈的市场竞争中立于不败之地，在同行业中保持领先的水平，需要通过各方面的技术创新来推动。

第七章

强化安全意识，防范事故发生

　　员工是安全工作的主体，也是安全生产最重要、最关键的因素。在安全工作中，员工一定要重视自己应负的责任，强化自我安全意识，做好自我防护，防范事故的发生，时刻把安全握在自己手中。

🔔 1. 一点小疏忽，终酿大事故

人们常说，事故猛于虎。安全工作容不得半点儿敷衍与马虎。不重视自我保护，就是不爱惜自己，稍一麻痹疏忽，事故就极有可能找上门来，到这时才幡然醒悟就为时已晚了。

在工作中我们常常会发现有这样的员工：总以为自己与事故无关、与危险无缘，因而工作时无拘无束，大大咧咧，工作服不系扣子，螺丝少拧一颗，安全帽随便摘下，嫌太麻烦不穿戴劳动防护用品。久而久之，当这些行为成了习惯，隐患就会无处不在，事故也就随之而来。

☆☆☆☆☆☆☆☆☆☆☆☆☆☆☆☆☆☆☆☆☆☆☆☆☆

2018 年 1 月 25 日，某建筑材料生产公司发生一起安全事故。当日上午 9 时许，该公司 3 号车间发生顶部钢结构横梁垮塌，导致该车间内 3 名工人死亡、12 名工人受伤，部分机械设备严重受损。此次事故造成直接经济损失 450 余万元。

在事故调查中发现，事故直接原因是当时连降大雪，车间棚顶积雪太多导致顶部钢结构件多处焊点开裂后，横梁垮塌。进一步调查后发现，最初该车间建设时，由焊工赵某和申某负责作业。两人在焊接钢结构框架时，在没有对焊点进行预加热的情况下连续施焊，使作业部分钢结构产生裂纹，韧性和塑性下降，加上连降大雪，车间顶部压力过大，最终导致了安全事故。

☆☆☆☆☆☆☆☆☆☆☆☆☆☆☆☆☆☆☆☆☆☆

通过这起事故可见，当时施工人员赵某和罗某因为思想上的疏忽，没有注意到钢结构的相关特性，只图省事而进行违规作业，最后产生了不可预料的严重后果。

面对血的教训，我们要充分认识到任何时候都不能有半点儿的疏忽和大意，更不能有任何侥幸心理存在，要牢固树立安全第一的思想。安全生产工作中，每个生产环节都要严格按要求操作，任何细节都不可疏忽大意。在生产过程中，我们要戒除疏忽大意思想，改正随意操作的行为，真正从思想上重视安全，从行动上不放过任何问题和不足，做到按章办事、依规操作。具体讲，我们应该从以下几方面努力。

（1）遵守制度，做好防护。生产经营单位制定出台的规章制度和操作要求，是安全生产的要求，也是员工不受伤害的保障。在作业过程中，员工应当严格遵守这些制度规定和操作规程。同时，要根据生产实际和操作规范要求，正确佩戴和使用劳动防护用品，防止在万一出现意外的情况下不受伤害或少受伤害。

（2）"谨小慎微"，敏锐观察。企业生产经营的每个环节、每个细节都可能潜藏着风险和隐患，在操作过程中，从业人员要具备一双善于发现问题的眼睛，培养高超的鉴别力和敏锐的洞察力，善于从表象背后分析查找各种潜在的不稳定因素。及时发现生产环节中的问题隐患和风险点，及时排除。

（3）加强引导，注重防范。安全生产领域从业人员的自律意识、积极态度和严谨作风，有些是个人平时积累形成的良好习惯，有些则需要通过不断加强教育引导逐步形成。所以，平时企业要经常对从业人员开展安全生产宣传、教育、引导和培训活动。在实践中，企业要重点从掌握学习制度规定，如何消除疏忽大意思想、如何培养见微知著的能力等方面，对从业人员开展系列宣传引导活动，让从业人员提高素质，增强本领。

☆☆☆☆☆☆☆☆☆☆☆☆☆☆☆☆☆☆☆☆☆☆

　　某集团公司推出了"找一找，比一比"岗位实践活动。每月月末，由集团工会牵头，组织各层面、各部门、各岗位从业人员参加，现场设置"看案例讲安全""看操作找隐患"等情景，让参与人员分析识别其中有哪些疏忽之处，有哪些问题隐患。这种经常性的岗位训练产生了良好的教育效果，公司连续多年实现了"零事故"目标。

☆☆☆☆☆☆☆☆☆☆☆☆☆☆☆☆☆☆☆☆☆☆☆

该集团公司的成功探索，为业界提供了实践范例，周边乃至其他省市多家企业前来学习观摩，借鉴吸收，化为己用，均产生了良好效果。

（4）注重监督，跟踪问效。企业在生产经营过程中，要根据平时调研督导掌握的情况，将容易产生疏忽的生产环节、工作岗位及相关人员列为重点监管对象，经常定期不定期进行现场督导检查，发现存在疏忽大意或违规作业的人和事，当即指出并责令立即整改。对于经常出现问题的从业人员，要加强惩戒力度；对于认真负责、细致入微的从业人员，要及时通报表扬并表彰奖励，让他们发挥好示范带动作用。

（5）善于总结，对照提升。企业从业人员要经常学习了解行业内一些因疏忽导致的安全事故案例。从中找到问题根源，分析事故原因，再结合本企业实际深入对照反思，看自己是否存在类似的疏忽大意现象。

生产经营中发生的各类安全事故，多是因一些细节问题得不到重视和处理而产生的。忽视了细微处的隐患和风险，就不能保证及时排除，因而这些隐患和风险点继续存在、发展，最后由量变发展成质变，引起安全事故。欧阳修在《伶官传序》中写道："夫祸患常积于忽微。"事故源于疏忽，安全始于细节。企业成员一定要去除疏忽大意的习惯，通过大处着眼，小处着手，精细管理、标准管理、兢兢业业地做好做细每一项工作，不留任何漏洞、不存在任何死角，把看似简单、容易疏忽的工作真正做到位。

2. 从"要我安全"到"我要安全"

"要我安全"是规章制度和操作规范对从业人员的管理和约束，"我要安全"是从业人员形成安全生产自觉意识的一种习惯。

安全生产是一个循序渐进的过程，对于员工来说，"要我安全"是一种"他律"，而达到"我要安全"则是一种更高层次和更高境界的自律。从"要我安全"到"我要安全"的转变过程，是安全生产思想观念从对从业人员的被动强制到从业人员主动自觉的一次飞跃。从"他律"层面看，企业要制定一些规章制度来约束员工，杜绝事故发生。从"自律"角度看，"我要安全"是员工的一种自动自发，是发自内心的需要。"要我安全"安全性更高，员工的安全意识也更强。

企业制定出台的各项安全生产管理制度和规定，有些内容看似"冷酷无情"或"近乎苛刻"，但实际上，这些制度规定"道是无情却有情"，它们是保证企业安全生产，保障企业员工人身安全不受威胁的重要基础。如果企业员工能从这些角度看待制度规定，就会从内心深处产生敬畏制度的心理，产生执行制度的行动自觉。这样一来，从"要我安全"到"我要安全"就能实现顺理成章。

企业健康发展需要安全生产，安全生产需要企业员工来推动，家庭的幸福需要企业员工的平安，而企业员工的平安离不开安全生产的保障。这是一个良性的循环。无论是"要我安全"，还是"我要安全"，其出发点都是为了保障企业安全生产和企业员工的生命安全。"要我安全"和"我要安全"是一脉相承、自然衔接的两个不同阶段，两个阶段分别有不同的表现。

（1）"要我安全"阶段。这一阶段的主要表现是：企业制定印发制度规定后，通过开会、学习、上墙公示等形式进行宣传，用制度规定的刚性约束力量要求员工严格执行。需要指出的是，有些企业在落实制度规定时，效果不尽人意，究其原因，不在制度规定本身，而在于一些员工没有觉悟到安全的重要性，认为制度规定是对自身的一种束缚，在这种心理主导下，这些员工就不愿意去严格遵守这些制度规定，就会导致事故的发生。

☆☆☆☆☆☆☆☆☆☆☆☆☆☆☆☆☆☆☆☆☆☆☆☆☆

　　2015年5月16日，某面粉厂出现了一起因违反安全制度而发生的爆炸事故，当事人冯某、戚某在爆炸中身亡。当日下午3时许，工人冯某和戚某在第二车间上班，当值班班长巡查过去之后，冯某和戚某趁着没人监督，竟然无视安全管理规定，在车间内点火吸烟。当时，车间内有较多面粉粉尘弥漫在空气中，冯某和戚某掏出烟，打着打火机后引燃面粉粉尘迅速发生爆炸。一声巨响后，冯某和戚某根本来不及逃生，就被火势和热浪吞没了，二人当场死亡。

☆☆☆☆☆☆☆☆☆☆☆☆☆☆☆☆☆☆☆☆☆☆☆☆☆

在生产领域，面粉属于易燃易爆品。除面粉外，镁粉、铝粉等金属粉，淀粉等粮食加工后的粉状物，血粉、鱼粉等饲料，棉花、烟草等农副产品，纸粉、木粉等林产品以及塑料、染料等合成材料的粉尘，当在空气中，尤其是在相对封闭的室内场所，颗粒达到一定浓度再遇到明火，就非常容易发生爆燃事故。冯某和戚某在相对封闭的面粉车间内吸烟，显然是严重违反了生产操作纪律规定，最终也因其"任性"而付出生命的代价，教训非常惨痛。

企业的安全制度都是基于安全生产制定的，是对员工人身安全和生产安全进行有效保障的规定，而不是一纸空文。如果员工认识不到这一点，就会从思想上轻视、从行动上漠视这些制度规定，最终事故难免。刘某就属于这类思想认识不够的员工，因漠视制度而任性操作，不幸最终发生在自己身上。

（2）"我要安全"阶段。现代企业发展，需要注重强调"以人为本"理念，"我要安全"也是员工自我意识的一种觉醒，是员工自己认识到安全的重要性并身体力行做到安全。企业通过最初印发安全制度约束员工模范遵守，让员工被动接受，到员工逐步认同制度规定的重要性，从内心深处对生命安全产生敬畏，从而想方设法避免事故发生，也就实现了从"要我安全"到"我要安全"的飞跃。

☆☆☆☆☆☆☆☆☆☆☆☆☆☆☆☆☆☆☆☆☆

项某是某机械厂库管员，在该企业已经工作了 17 年。严谨认真的性格，让他时刻保持足够的安全意识和安全习惯，在库管工作岗位上能够做到多年如一日，创造了工作零失误的奇迹。项某工作中有个秘诀：所有物料管理都坚持做到"有物必有区、有区必分类、分类必标识"。2018 年 6 月 17 日，厂里进来一批原材料，装卸工罗某在堆放物料箱时，第三层边上一个箱子码放出现轻微偏位。项某发现后，立即制止了罗某继续码放，说这样存在安全隐患，会导致物料倒塌伤人事故。但罗某并不以为然，坚持不改正。为此两人争执了半天，罗某还是坚持干完自己的活儿。情急之下，项某向企业经理进行了报告。经理来察看后，严厉批评了罗某，并责令他当即把物料重新堆码了一遍。

☆☆☆☆☆☆☆☆☆☆☆☆☆☆☆☆☆☆☆☆☆☆

一垛物料，仅其中一个箱子出现轻微偏位，或许不会发生安全事故，但如果不引起重视，就是存在侥幸心理，就会无视这个安全隐患。一旦压力、环境、温度等因素影响，就有可能发生倒塌事故，如果恰巧旁边有人，则可能会出现倒塌伤人事故。项某因为严谨认真，"我要安全"意识主动而强烈，所以在他负责的岗位上，就能够实现多年零失误和零事故的目标。

安全是所有企业员工的共同愿望和追求。从"要我安全"到"我要安全"的转变，是每个企业员工出于对工作的热爱，出于对企业、对家庭、对社会的高度负责。同时，安全工作永无止境，只有进行时没有完成时。当所有员工都产生"我要安全"的思想行动自觉后，还需要每个人都树立危机意识和忧患意识，做到居安思危，警钟长鸣，才能实现"安全每一人，安全每一天"。

安全与每个人息息相关。安全关系着家庭的幸福，关系着企业的生存发展，也关系着社会的和谐稳定。所以，我们都不能满足于被动的"要我安全"，而应该主动自觉做到"我要安全"。

3. 保持警惕状态，增强安全意识

安全工作依赖于物质和精神两个方面，物质方面主要是安全设施，精神方面主要是安全意识。抓好安全工作，必须加强员工的自我意识，只有每一个企业员工的安全意识得到加强，每一个企业员工从思想上认识到安全的重要性，在心中树立起"安全大于天"的意识，才能从根本上避免事故的发生。

培养员工的自我安全意识是一个长期的过程，非一朝一夕之功，需要从提高安全警觉、加强引导、注重培训、监督指导等方面入手，全面激发出员工增强安全意识的内生动力。具体讲，要从以下几方面入手。

（1）提高思想警觉。在平时的生产中，员工的安全意识形成是一个循序渐进的过程，其基础是员工要具备足够的思想警觉，对待生产的每个环节和细节，都要保持高度的警惕状态。对自我安全有清醒的认识，知道事情应该怎么做，哪些事情能做，哪些事情不能做，哪些事情必须做好，从而让员工逐步形成自我安全主动意识和良好习惯。

☆○☆○☆○☆○☆○☆○☆○☆○☆○☆○☆○☆○☆○☆

刘某是某电子科技公司老员工，在该企业已经工作了 15 年，一直保持着严谨细致、务实认真的工作态度，思想敏感度和安全意识都很强，工作中从来没有出现过失误。2019 年 7

月 12 日，该企业召开了一次安全教育警示大会，刘某在会上用了两个小时的时间，向全体员工分享了自己职业生涯的感悟和体会，他分享的核心内容是，要想增强安全意识，最根本的是自身要时时处处保持足够的思想警觉，对生产中的任何一个细节都做到充分注意，时刻绷紧安全之弦，只有这样，才能让自己的主动安全意识不断增强，才能避免出现各类事故。

☆☆☆☆☆☆☆☆☆☆☆☆☆☆☆☆☆☆☆☆☆

员工提高安全意识，需要榜样的力量示范带动，刘某凭借多年如一日的思想警觉，为员工们树立了良好的标杆，尤其通过系统全面的经验分享，产生了示范引领作用。

（2）提升安全业务能力。员工增强了自我安全的主动意识，奠定了思想基础，还需要从业务上提高安全能力，在想安全的基础上，还要会安全。具体实践中，员工要主动积极地参加安全业务培训，在参加培训时，认真学习安全业务技能、规章制度、自我保护技能等方面的内容。员工在培训过程中，要了解自己的工作性质，学会辨别发现生产现场危险因素，掌握事故应对要领等。

员工在积极参加安全教育培训的同时，还应当结合企业生产实际，多参与技能竞赛活动。班组、车间、岗位人员开展岗位大拉练、技能大竞赛活动，要评选出"业务尖兵""安全能手""技术达人"等典型，进行表彰和奖励，让员工有成就感和荣誉感。

（3）主动接受监督检查。俗话说"百人百性"，现实中，有些人具有较强的自律能力，做事比较严谨认真，也有些人的自律能力不够强，需要借助外界的监督提点才能不断提升自律意识和能力。有些员工如果没有常态化的监督检查，安全意识就不够主动和强烈，难以做到持之以恒。因此，员工要正确认识，主动接受监督检查，从而达到保护企业及自身安全的目的。

（4）牢固树立安全文化理念。每个企业都有各自的行业特征，需要各个企业结合自身实际，培育塑造符合本企业特点的核心安全文化理念。作为企业员工，要充分重视自身安全文化理念的融入。不同文化层次、阅历能力、认知水平的员工，要结合自身实际，选择适合自身特点的安全文化学习方式。员工时时处处耳濡目染形象直观的安全文化，自身的安全意识会逐步提高，逐步达到"润物细无声"的效果。

（5）提高安全道德意识。员工的安全道德是安全意识的重要组成部分。一个企业从业人员安全意识强不强、警惕性高不高，其原动力来自从业人员的道德品质的高低。一名道德品质高的员工，平时为人处事就比较讲风格、重品行，在自己的本职工作中，这种良好的道德操守也能体现在生产经营的全过程中。相反，如果一名员工道德品质较差，个人修养不够，在平时就习惯于自私自利，不考虑别人的感受。那么，这类员工在生产活动中，可能很难养成自觉的安全意识，也很难保持应有的警惕性。所以，企业员工要从激发自身道德原动力着眼，从提升安全道德水平入手，不断增强自身的安全道德意识和水平，让每一位员工的自觉安全意识在道德动机的驱动下萌生。

安全生产离不开全体员工都有足够的警惕性和清醒的安全意识，有了坚实的思想基础保障，员工的行为就能够做到规范、有序、安全，安全事故也就能够不发生或少发生。

4. 树立安全互保意识，大家才能都安全

安全工作是一项系统工程，需要企业成员共同推动。在一个企业内部，只有人人想安全、人人为安全、人人保安全，才能保证企业的正常生产经营秩序，这就需要企业全体成员都要具备互相提点、互相支持、互相补台的思想意识。

提高员工的安全互保意识是个循序渐进的过程，需要以企业员工的安全道德意识和团队意识为动力，通过企业持续深入开展一系列宣传教育和引导，使全体企业员工产生思想上的自觉和行动上的主动。这需要企业对于安全互保做到"年年讲、月月讲、天天讲、时时讲"，在企业上下形成安全互保的生产环境氛围。员工每天在这种良好的环境氛围里工作，互帮互助的意识就会得到逐步深化和提高，从而逐步形成安全生产的坚固防线。

☆☆☆☆☆☆☆☆☆☆☆☆☆☆☆☆☆☆☆☆☆☆

某集团公司开展了安全互保系列主题活动，该公司本着"安全第一，预防为主，综合治理"的安全生产方针，结合"安全生产整顿月"活动，在公司内部12个部门、4个班组、8个车间、1360名员工中，深入开展了"安全互保，共建安全保护伞"活动，公司建立健全了安全互保机制，开展安全互

保岗位实践活动 4 次，增强了全体员工的安全互保意识和责任，在公司内部形成了安全工作群防群治的良好局面，实现了"四不伤害"（不伤害自己，不伤害他人，不被他人所伤害，保护他人不受伤害）目标。

☆☆☆☆☆☆☆☆☆☆☆☆☆☆☆☆☆☆☆☆☆☆☆☆

通过此案例可以看出，该公司充分结合企业发展实际，将"安全生产整顿月"与安全互保工作有机结合，增强了主题活动的针对性和实效性，在公司内部营造了浓厚的安全氛围。该公司的经验做法被多家媒体予以报道和转载。在安全生产其他领域，各级各类生产经营单位也应当结合各自实际，创造性地开展好安全互保主题活动，在企业上下营造"千军万马齐上阵，安全互保促和谐"的生动局面。

"生命至上，安全第一"是很多企业所倡导的生产经营理念。在安全生产各个领域，有很多明显或潜在的危险因素，不同程度地存在于生产经营的各个环节，这些风险因素如果没有被及时发现和排除，如果没有安全互保机制的坚实支撑，就很容易因小失大，酿成各种安全事故。因此，对于安全生产领域各行业来说，要想把"生命至上，安全第一"真正转化为维护企业发展稳定和保障员工生命财产安全的成果，需要真正付诸行动。这就要求各级各类企业在企业内部，特别是生产一线班组和岗位中大力推行互保机制，明确作业中的每名人员的责任，在企业上下形成安全生产"人人有责，人人参与，互帮互助，共守安全"的管理局面。从业人员要形成良好的安全互保意识，实现"四不伤害"目标，同时，还要引导员工牢固树立风雨同舟意识。具体包括以下几方面。

（1）提高安全互保责任意识。安全互保不仅是安全生产形式上的要求，更是全体从业人员相互之间的责任和义务，是对彼此生命的一种尊重。安全生产领域所遵循的"不伤害自己，不伤害他人，不被他人所伤害，保护他人不受伤害""四不伤害"方针，需要全体从业人员共同遵守。安全互保工作的实施对象是全体从业人员，需要每个人从点滴做起，从自身做起，开展生产经营每项活动时，都设身处地站在他人的角度考虑问题，善于换位思考，经常考虑到身边同事的安全。

企业在开展安全互保工作时，要提前做好充分的调查研究，对安全互保的参与对象的性格特点、思想状况和精神状态都了然于胸，做到底数清楚。在此基础上，企业再科学布置工作任务，提出相关安全要求，优化工作环境，推行安全互保各项工作措施。只有这样，才能让企业的安全互保工作做到有据可依、有的放矢、精准可靠、效果明显。

（2）提高安全互保主人翁意识。生产经营单位的每名从业人员，都有自身的岗位和分工，都有自己的价值体现。从这个意义上看，每名从业人员都是企业的主人翁。如果企业成员都能牢固树立主人翁意识，就能有效促成安全互保的双方共同做好生产环节中的危险源辨识，就能够积极主动地互相提醒，随时注意安全事项，互相提醒不要疲劳作业、带病作业、酒后作业及带情绪作业等。同时，也能自觉地互相检查提醒防护用品穿戴是否做到了安全规范、作业设备和工具是否稳定安全、作业环境是否存在明显或潜在的危险点等。

全体从业人员的主人翁意识增强了，彼此间互相提醒、互相帮助就能成为一种习惯和自觉，这样就能有效减少各类安全隐患，避免因违章操作引发的安全事故。

（3）提高安全互保风雨同舟意识。企业的生产经营活动是一个系统复杂的工程，需要全体成员风险共担，利益共享。有些企业在生产过程中，存在交叉作业，经常需要由多个班组或岗位共同参与才能更好地完成生产任务。因此，安全互保工作需要从业人员牢固树立风雨同舟、协同配合意识。如果企业从业人员这种思想意识不强，各自为战的思想意识占据主导地位，就容易引起因配合不协调而产生的安全事故。

安全互保任务的落实，本身就需要团队协同配合，它强调的是一人违章或造成事故，不能仅仅追究一名员工的责任，而需要让整个车间、整个班组的人员都共同承担责任，根据责任的大小，分别给予不同程度的惩戒措施。因此，对于一些企业生产过程中的交叉作业，班组和车间负责人，要及时向对方班组和车间负责人告知在作业过程中可能会产生哪些风险隐患，在协同配合过程中需要注意哪些技术要领和安全规范，共同加强防范。

企业安全生产不是一个部门、一个班组或一个人的事情，而是所有企业员工共同的责任，只要全体从业人员都能树立"企业是我家，安全靠大家"的思想意识，坚持从自身做起，相互提醒，互相帮助，互保补位，共同去除麻痹思想，纠正违章行为，让规章制度和操作规范等深植于每个从业人员的头脑中，那么，企业的稳定和发展以及员工的生命财产安全才能有坚实的思想基础保障，平安幸福才会伴随我们左右。

5. 树立安全忧患意识，提高安全警觉

企业安全和员工安全不是一朝一夕就能实现的，需要企业在做好日常生产经营工作的同时，引导全体从业人员时时处处树牢安全忧患意识，持续不断地提高安全警觉，以如履薄冰、如临深渊的危机感和紧迫感思考问题，对待工作。

不管是哪些行业，在生产经营过程中，一般是多个部门、多个班组、多个岗位和多名员工的相互交织，任何一个岗位、环节或步骤都容不得半点疏忽大意，因为稍有不慎就有可能酿成大祸。抓安全生产，忌讳的是满足于过得去就行，差不多就算，因为我们不知道，在生产经营过程中，有哪个环节潜藏着安全隐患，而这些安全隐患都是威胁企业安全生产和员工人身安全的"定时炸弹"，如果因思想疏忽大意而不能及时发现并排除这些炸弹，就会让企业和员工时刻面临着事故的威胁。

2019 年 4 月 25 日，某村村民项某新盖的预制板结构新房，在建筑工人往水泥混凝土横梁上方吊装预制板时，发生了横梁折断事故，导致两名工人受伤。当日上午 9 时许，该村建筑队工人张某、刘某、宋某三人在该村民新房处施工作业，三人用小型起重机往房梁上吊装水泥预制板。当吊装到东侧第 3 组时，

突然发生主横梁折断事故，让正站在这块预制板两头的张某和刘某随之跌了下去，致使张某左腿骨折，刘某腰部受伤。

后来有关部门在调查事故原因时发现，发生该安全事故的主要原因是钢筋混凝土横梁所用的水泥标号达不到相应标准，无法承受足够的压力而发生折断。后来经过进一步调查，该横梁是房主人委托村建筑队打制的，当时他家中有3袋低标号的水泥，正好够打造这根横梁所用，为了省事省钱，主人没再另买符合标号要求的水泥，就让工人干活。当时施工人员也没细问，就匆匆施工打制，制成质量不合格的横梁，最终引发了这次安全事故。

☆★☆★☆★☆★☆★☆★☆★☆★☆★☆★☆★☆★☆★

发生在该村的这起安全事故，就是因为房子主人和施工人员缺乏足够的忧患意识和警觉观念，非常草率地打造了不符合规格要求的水泥混凝土横梁，最终引发了安全事故。事故发生前，都觉得不会出什么问题，而事故发生后，再后悔已经晚了。在安全生产领域，有不少类似现象，因为作业人员没有忧患意识，对潜在的隐患威胁缺乏必要的评估、分析和判断，盲目施工，从而引发各种各样的事故。

做好安全生产需要从源头抓起，这个源头就是每个从业人员的安全忧患意识的强弱，如果每个人的安全忧患意识提高了，安全警觉足够了，事故发生的概率就会大幅降低。企业成员树立良好的安全忧患意识就能够从看似平静的表面预见危机和风险，从有利因素中分析出不利因素。所以，企业员工树立安全忧患意识，是非常重要的。在安全生产中，应当从以下几方面培育从业人员的安全忧患意识。

树立全员忧患意识。生产安全关系到企业中的每个人，树立忧患意识，增强行动警觉不单单是管理层的责任，也是普通员工的责任。有些员工认为自己就是个打工的，安全忧患意识是领导们该操心的事，所以就会淡漠安全忧患意识，在行动上就会缺乏足够的警觉。我们都知道，一台运转的机器，每个零件都有它的作用，一旦缺少了哪个或哪个出了故障，都不能保证机器正常运转。同样，每个企业成员都是企业这台大机器上的零件，只有每个人都有了安全忧患意识才能保证企业这台大机器不出现问题，正常运转。

全面融入忧患意识。忧患意识不仅涉及每个企业员工，同样也涉及安全管理的各个方面。所以，在平时的安全生产过程中，每个企业员工都应该在各个生产环节中保持足够的安全忧患意识，在岗位实践中检视和发现影响制约安全生产的各类问题，自觉主动地进行防范和化解，保证生产流畅安全。

营造忧患意识的良好氛围。企业从业人员的忧患意识是否能够牢固树立，需要通过丰富多彩的企业文化来助力养成。这就需要企业充分注重安全文化建设。在具体实践中，企业可以通过塑造良好的安全文化氛围和环境，加强对员工的安全文化教育、培训、引导和约束，以此促成安全责任得到层层落实，让全体从业人员在安全管理面前都"不敢越雷池半步"。

"生于忧患，死于安乐"，我国古代"亚圣"孟子的忧患意识也融入了华夏儿女的血液中。在安全生产领域，从业人员树立忧患意识，对于有效趋利避害、防范事故有重要的作用。企业从业人员树立忧患意识，加强思想警觉，需要时常保持警觉和警惕，时常进行警示，凡事不盲目乐观，提前做好最坏的打算，做好最充分的预案，只有这样才能有效保证企业长治久安。尽管这些道理很多人都懂，但在现实中，有些企业从业人员在工作现场，仍然存在不认真、不严格、不细致、不到位的问题。比如，有些员工在检修作业中，不按照操作规范要求开展标准化作业；有些员工在巡视检查机器设备时敷衍了事、走马观花，即便发现了设备缺点和问题也视而不见，盲目乐观。这些现象的存在，固然和从业人员的个人素质水平有关，但也反映出从业人员在生产经营活动中，缺乏忧患意识和思想警觉。因此，在安全生产中，每个企业员工不但要积极进取、认真工作，还要时时处处牢固树立忧患意识，保持思想和行动上的充分警觉。

安全和事故水火不容，二者之间是此消彼长、你进我退、你弱我强的一种辩证关系。只有所有企业成员都做到时时警觉、处处防范，才能让各类风险隐患无所遁形，让各类事故无机可乘。所以，在生产经营单位，需要每个员工牢固树立忧患意识，时刻保持严谨认真、一丝不苟的负责态度，凡事不仅要想一万，更要多想万一，做到胸有成竹、未雨绸缪、防微杜渐，共同守护好企业安全和员工安全的大门。

6. 熟悉安全标志，加强自我保护

　　无论是社会生活中还是企业生产中，我们都会看到各种各样的安全标志。安全标志是向工作人员警示工作场所或周围环境的危险状况，指导人们采取合理行为的标志。安全标志能够提醒工作人员预防危险，从而避免事故发生；当危险发生时，能够指示人们尽快逃离或者指示人们采取正确、有效、得力的措施对危害加以遏制。安全标志不仅类型要与所警示的内容相吻合，而且设置位置要正确合理，否则就难以真正充分发挥其警示作用。企业员工应该熟悉安全标志的含义，增强自我保护的意识。

　　安全标志是由图形符号、安全色、几何形状（边框）或文字构成。安全标志用以表达特定的安全信息，是一种国际通用的信息，不同国籍、不同民族、不同文化程度的人都容易理解。

　　使用安全标志的目的是提醒人们注意不安全因素，防止事故的发生，起到保障安全的作用。安全标志本身不能消除任何危险，也不能取代预防事故的相应措施。

　　我国安全标志所用的几何图形有圆形、三角形和长方形，与国际标准草案所规定的几何图形基本一致。

安全标志分为禁止标志、警告标志、指令标志和提示标志四类。

（1）禁止标志

禁止标志的含义是不准或禁止人们的不安全行为。其基本形式为带斜杠的圆边框。圆形和斜杠为红色，图形符号为黑色，衬底为白色。圆形是不可分离的象征，在同样的面积下，圆形中画的图像显得大而且清楚。禁止标志主要包括禁止吸烟、禁止烟火、禁止带火种、禁止用水灭火、禁止放易燃物、禁止堆放、禁止启动、禁止合闸、禁止转动、禁止乘人、禁止靠近、禁止入内、禁止停留、禁止通行、禁止跨越、禁止攀登、禁止跳下、禁止触摸、禁止抛物、禁止戴手套、禁止穿化纤衣服、禁止穿带钉鞋等。下面是部分标志图示例。

禁止吸烟　　　　　　　　禁止烟火

禁止带火种　　　　　　　禁止用水灭火

禁止放易燃物　　　　　　禁止堆放

禁止启动

禁止合闸

禁止转动

禁止乘人

禁止靠近

禁止入内

禁止停留

禁止通行

禁止跨越

禁止攀登

禁止跳下　　　　　　禁止触摸

禁止抛物　　　　　　禁止戴手套

禁止穿化纤衣服　　　　禁止穿带钉鞋

（2）警告标志

警告标志的含义是提醒人们对周围环境引起注意，以避免可能发生的危险。其基本形式是正三角形边框。三角形边框及图形符号为黑色，衬底为黄色。三角形本身有着尖锐激烈的特点，容易引人注目。即使光线不佳时也比圆形清楚。国际标准草案中也把三角形作为警告标志的几何图形。警告标志主要包括当心腐蚀、当心中毒、当心触电、当心电缆、当心机械伤人、当心塌方、当心冒顶、当心坑洞、当心落物、当心吊物、当心烫伤、当心伤手、当心扎脚、当心弧光、当心电离辐射、当心裂变物质、当心激光、当心微波、当心车辆、当心火车、当心坠落等。下面是部分标志图示例。

当心腐蚀

当心中毒

当心触电

当心电缆

当心机械伤人

当心塌方

当心冒顶

当心坑洞

当心落物

当心吊物

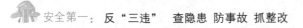

当心烫伤

当心伤手

当心扎脚

当心弧光

当心电离辐射

当心裂变物质

当心激光

当心微波

当心车辆

当心火车

当心坠落

（3）指令标志

指令标志的含义是强制人们必须做出某种动作或采用防范措施。标有指令标志的地方，就是要求人们到达这个地方，必须遵守指令标志的规定。例如施工工地附近有"必须戴安全帽"的指令标志，则必须将安全帽戴上，否则就是违反了施工工地的安全规定。其基本形式是圆形边框，图形符号为白色，衬底色为蓝色。指令标志主要包括必须戴防护眼镜、必须戴防尘口罩、必须戴防毒面具、必须戴护耳器、必须戴安全帽、必须戴防护帽、必须系安全带、必须穿救生衣、必须穿防护衣、必须戴防护手套、必须穿防护鞋、必须加锁等。下面是部分标志图示例。

必须戴防护眼镜

必须戴防尘口罩

必须戴防毒面具

必须戴护耳器

必须戴安全帽　　　　　必须戴防护帽

必须系安全带　　　　　必须穿救生衣

必须穿防护衣　　　　　必须戴防护手套

必须穿防护鞋　　　　　必须加锁

（4）提示标志

提示标志的含义是向人们提供某种信息（如标明安全设施或场所等）。一般提示标志是指安全通道和太平门的方向。如在有危险的生产车间，当发生事故时，要求操作人员迅速从安全通道撤离，这就需要在安全通道附近安设有指明安全通道方向的提示标志。其基本形式是长方形边框，图形符号为白色，衬底色为绿色。长方形具有重量感和显著性。另外，提示标志也需要有足够的地方书写文字和画出箭头以提示必要的信息，所以用长方形是适宜的。提示标志主要包括紧急出口、避险处、应急避难场所、可动火区、击碎表面、急救点、应急电话、紧急医疗站等。（图略）

有时候，为了对某一标志加以强调而增设辅助标志。辅助标志就是在每个安全标志的下方标有文字，补充说明安全标志的含义。补充的文字可以横写，也可以竖写。一般挂牌的补充文字横写，用杆竖立在特定地点的补充文字竖写。

安全标志应设在醒目的地方，人们看到后有足够的时间来注意它所表示的内容。不能设在门、窗、架子等可移动的物体上，因为这些物体位置移动后，安全标志就起不到作用了。

安全标志是对员工行为的提醒和督促，熟悉安全标志，加强安全意识，可以使我们更好的预防危险，避免事故发生。

第八章

好习惯是安全之基，确保安全生产

　　行为形成习惯，习惯决定性格。在安全生产领域，企业员工的行为习惯关乎生产安全，好的习惯促成规范行为，规范行为促成企业安全和个人安全；反之，坏的习惯催生违章行为，违章行为危及安全生产和人身安全。企业员工只有身体力行养成良好的行为习惯，才能筑牢安全之基。

1. 安全习惯是工作中最重要的财富

安全是幸福的支撑和依托。对个人来说，安全就是个人每天健康平安；对于企业来说，安全是发展的需要，稳定的要求，效益的体现。企业要想实现安全，需要从业人员具备安全习惯，员工的安全习惯是工作生产中重要的财富。

我们常说："习惯成自然。"企业员工长期工作在相对固定的岗位和环境中，每天重复做某些事情，自然而然会形成工作习惯。如果他们在平时生产中的行为符合安全生产规范和要求，那么就能逐步形成一种良好的安全习惯。

有人说，能改正的是缺点，不能改正的是弱点。这句话很耐人寻味。在安全生产领域，从业人员没有养成安全习惯，对有些人来说，是缺点，可以通过外界影响和自身努力积极改正，从而形成良好的安全习惯。而现实中有些从业人员，不遵规守纪已经成为根深蒂固的问题，这些问题长期在他们身上存在而浑然不觉，就成为他们的弱点，让他们养成好的安全习惯，是非常困难的，需要通过外界强有力的干预，加上他们自身的坚强毅力才能慢慢形成。

☆☆☆☆☆☆☆☆☆☆☆☆☆☆☆☆☆☆☆☆☆☆☆

古时候有个学徒，跟着师父学剃头，他白天跟师父学，晚上回家后就自己找来冬瓜练习，练习完后，学徒感觉剃刀放在哪里也不合适，就顺势把剃刀插在冬瓜上。一开始这只是偶然的动作，这样做了几次后，学徒觉得这样做挺方便，时间长了，这个学徒就养成了一个习惯，即每次在冬瓜上练习完成后，习惯性地把剃刀插在冬瓜上，这逐渐成为他的一个无意识习惯动作。这天铺子里来了一位顾客，师父让学徒上手试试，学徒拿起剃刀，为顾客剃头，大约一炷香的工夫，就非常熟练地为客户剃好了，这时，他习惯性地把剃刀猛地一插，可这次不是插在冬瓜上，而是插在了顾客的脑袋上，顾客当场丧命。

☆☆☆☆☆☆☆☆☆☆☆☆☆☆☆☆☆☆☆☆☆

从这个故事可以看出，一些不符合安全规范要求的习惯，我们越是习以为常，其危害就越大。在安全生产领域，如果企业员工在生产中也像故事中的学徒那样养成了不好的习惯，就很容易引发事故。

培养从业人员的安全习惯，是企业发展之需，是人员安全之需，需要从以下几个方面努力。

（1）建章立制。企业要想实现长期稳定安全发展，离不开规范系统的制度机制。因此，各企业都要建立健全各项安全生产管理制度，规范安全生产行为，明确安全生产各层面人员、各个部门、各个班组、各个岗位的责任，用系统完备、科学规范的制度机制推动生产管理标准化、规范化，用这些制度规程来规范员工的习惯和行为。

（2）经常警示。企业安全习惯的养成，需要良好的企业安全文化氛围的影响熏陶，同时，丰富多彩的企业安全文化建设也有利于营造温馨和谐的生产环境。因此，企业要借助班前例会、设置安全警示标识、安全宣传标语、组织安全专题培训等形式，为全体人员灌输安全生产的

"正能量"，抵消大家心中的"负能量"，让安全意识深植在大家的头脑中。另外，企业可适时邀请员工家属参加安全教育活动，引导员工家属常吹清新的"枕边风"，督促员工形成安全习惯。

（3）抓早抓小。在安全生产中，常存在一些员工习惯性的小错误，这类小错误比较容易被忽略，有些企业管理人员对此也往往视而不见，不去制止和纠正。时间长了，员工身上这些习惯性小错误会逐步发展为不安全的行为习惯。所以，对于员工的小错误习惯，一定要趁早发现、及时纠正。只有防微杜渐，立行立改，才能筑牢员工的安全习惯屏障。

（4）及时纠正。员工的很多行为习惯是长期积累形成的，好的习惯需要进一步坚持，而坏的习惯需要通过自己发现、同事提醒或领导督查等方式及时发现，发现之后，就要千方百计去纠正。这需要员工在平时特别小心，保持警觉，尤其要注重坚持，因为如果只靠一次两次，或者十天半月的注意和纠正，一旦放松就会前功尽弃。这就需要员工有足够的耐心、坚定的决心和持久的恒心去逐步纠正和转变。

（5）纳入考核。为了引导员工形成安全习惯，企业需要创新方式方法，把员工的日常安全行为纳入督导考核指标体系，把员工的安全行为习惯与绩效工资挂钩，促使员工产生安全习惯的内生动力。

（6）较真碰硬。做人做事忌讳的是没有原则性，像墙头草一样立场不明，左右摇摆。在安全生产过程中尤其容不得这种摇摆不定，企业员工必须讲求原则，敢于较真碰硬，对于没有良好安全习惯的员工，一旦发现问题隐患和工作失误，不能睁一只眼闭一只眼做老好人，而是要坚持原则，明确指出。这样做，即使事前招来"骂声"，也总比事后听到"哭声"强之百倍。

　　企业员工要想形成安全习惯，不是一件轻而易举的事，需要长期的积累和沉淀，要从众多安全事故中去学习、对照、反思、总结和改变。通过这些事故，要认真分析这些事故是怎样造成的，自己怎样才能避免这些事故，怎样才能养成安全意识和安全习惯。只有思想上多加一道防线，行动上多加一分小心，安全上才能多一层保障。

2. 纠正不良安全观念，养成良好习惯

安全与企业的每一个员工息息相关。企业员工是设备的操作者和管理者，是安全生产的主力军。企业员工所持有的观念将影响实际的安全效果。安全观念从大处说关系着企业的发展、社会的稳定，从小处说关系着个人的安危、家庭的幸福。因此每个人的内心深处都要牢固树立安全观念，养成良好的安全行为习惯。对身边可能发生的危险有足够的警惕和警醒，注重在生产实践中逐步养成良好习惯。

树立全员安全观念是安全工作开展的基础和保障。有些员工可能认为自己的岗位不是负责安全工作的，保障安全是安全员或者其他人的事，与自己无关；还有些员工认为企业又不是自己的，自己只是个普通员工，出了事和自己关系不大。但是，这些员工需要明白如果有这样的不良安全观念，就容易出现个人不安全行为，就可能会给他人造成伤害，也可能会给自己的家庭和企业带来损失。正视安全，树立良好的安全观念，养成良好的安全行为习惯，是每个员工的责任和义务。

☆☆☆☆☆☆☆☆☆☆☆☆☆☆☆☆☆☆☆☆☆☆☆☆

申某是某建筑公司消防水班工人，尽管他是该公司有6年工龄的老员工，但他的安全意识一向比较淡薄。申某总感觉公司制定的制度规定和操作规范太死板、太束缚人，在这种不良安全观念左右下，申某在行动上经常自以为是，喜欢怎么简单省事怎么干。6年间，申某因为不良安全行为引发了好几次小事故，但因为没有造成严重的后果，就仍然我行我素。直到2017年10月21日这天，他最终因不良安全观念和行为付出了生命的惨痛代价。

当日上午，该公司消防水班组长黄某安排申某到某小区项目工地9号楼拆卸消防喷淋管上堵头。临行前，申某嫌携带专用伸缩梯麻烦就没带。到了之后发现施工地点有一些排风管组件。他想以前自己就顺着排风管攀爬过，这次也这样做。申某就顺着组件向上攀爬，而且没有规范穿戴安全防护用具，结果爬到4楼处，因手脚打滑，重重地跌落到水泥地面上。申某被现场其他人员发现后紧急送医，结果不治身亡。

☆☆☆☆☆☆☆☆☆☆☆☆☆☆☆☆☆☆☆☆☆☆☆

开展高空作业有着严格的技术规范要求和设施工具使用要求，如果从业人员不注重遵守有关要求，存在不良的安全观念，图省事和便捷，就很容易发生意外事故。申某如果有良好的安全观念和习惯，就能规范使用合适的攀爬工具并规范佩戴安全用具，这样也就不至于发生坠落身亡的悲剧了。在安全生产领域，类似事故不在少数，有些从业人员没有良好的安全观念和思想意识，明知身边存在风险点，还出现违章操作，鲁莽行事，最终多数会尝到苦果。

"安全"是一个永恒的话题，不同的人对安全观念的认识各有侧重。有些人认为安全是保证人员和财产不受损害；有些人认为安全就是没有危险，没有缺陷。这些认识和理解都是正确的，从无数因企业员工没有正确的安全观念而引发的安全事故中，我们不难发现，只有大家真正牢固树立起正确的安全观念，养成良好的安全习惯，每个动作、每个环节、每个步骤都严格按照安全操作规程去做，关注工作的细节，才能让生命之帆平稳顺利地远航，才能让安全生产管理各项规定真正落到实处，才能真正实现"四不伤害"目标。

狠抓责任落实。各个企业在要建立健全安全生产管理制度的基础上，着力抓好安全责任制的落实。在平时的生产过程中，要加强员工行为的管理监督力度，针对不同岗位要求，在全体员工中实行安全生产分级责任制，把不同岗位、不同工程的岗位职责充分予以明确。把安全责任化整为零、层层分析、逐人落实，在企业上下形成人人有责任、个个想安全的安全生产局面。

注重过程管控。尽管很多企业都制定出台了很多规章制度和操作程序，但是在短期内，有些员工的良好安全观念还难以形成。因此，企业就要针对这类员工的思想和行为特点，注重加强现场管理和过程管控，要明确专人，耐心细致地抓好细节管理，从员工的细节行为抓起，注重过程的精细化、严格化。同时，在过程管控中，一定要认真严谨，不能消极应付，否则，过程管理就容易流于形式，不利于员工养成良好的安全观念和安全习惯。

加强培训引导。没有规矩，不成方圆。对企业来讲，各种规章制度和操作规范就是规矩，需要全体从业人员熟悉、掌握和执行。这就需要企业加强对员工法律、法规及规章制度的培训，引导全体员工熟悉掌握这些制度规定和操作规程，同时坚决落实到自己的生产实践中去。只有使全体员工真正熟悉和掌握了规章制度，才能有效培养良好的安全观念和安全习惯，能够在生产中按章操作，确保安全。

良好的安全观念和安全习惯的形成，需要企业员工的共同努力。每个企业员工都应明白，安全工作不是某个人的工作，不是为了某一个人，它关系到整个企业和每名员工的根本利益和健康安全。所以，让我们人人讲安全，人人重安全，人人为安全，树立良好的安全观念，用实际行动共同撑起安全这片天。

3. 安全无小事，安全习惯要从细节做起

安全在于细节，小事决定安危。在工作中，一个小小的差错就是一个巨大的隐患；一个小小的失误，就会给生命带来危险。只有把细节做好了、做实了、做到位了，才能培养出良好的安全习惯。

有些企业员工，平时总漠视一些细小的安全隐患，认为小的问题和风险点无关紧要、无碍大局，只要把大的问题隐患排除掉就可以了。殊不知正是这些微不足道的地方会给企业、给自己、给家庭带来无法承受的后果。

☆☆☆☆☆☆☆☆☆☆☆☆☆☆☆☆☆☆☆☆☆

"二班叉车司机师傅型板和热熔物料箱放置到位，点赞!""今天一车间清理现场硬件斗摆放整齐，感谢物流科对车间的支持!""四车间白班叉车司机铸件斗摆放整齐有序，好样的!"这些信息是某建筑机械厂"车辆交流服务群"中的聊天记录。这也是该企业从细节处注重员工安全习惯养成教育的一个直观体现。半年前，该企业仓储物流科叉车运输班司机工作随意性很大，司机们多数只关注完成任务，而对于车辆物料的整齐摆放等细节问题，做得不够规范细致。半年前，有一名叉

车司机因为物料摆放杂乱，开叉车作业时，误撞到一个热熔原料箱上，高温物料倾洒，导致该司机被烫伤。发生这起事故后，企业意识到了不注重细节的严重性，就在企业内大力开展了教育整顿活动，先从叉车班车辆物料规范摆放开始抓起，逐步实现了规范有序，其他岗位也逐步实现了规范化和标准化作业。

☆☆☆☆☆☆☆☆☆☆☆☆☆☆☆☆☆☆☆☆☆☆☆☆

通过教育整顿，叉车司机们养成了安全好习惯，有力保障了企业安全有序发展。可见，在安全生产中，企业员工要注重每个可能会引发事故的细节，及时发现、认真整改，防止它们无限蔓延和恶化。

员工要养成安全好习惯，还要注重一个细节：不把规章制度停留在写在纸上、挂在墙上、喊在嘴上的浅层次，而是把它们从纸上"抠"下来、从墙上"摘"下来、从嘴上"放"下来，"贴"在每名员工的内心里，"走"进每个生产环节中，"落"在每个员工的行动上。这些都是从细节入手培养员工安全习惯的"绣花针"功夫，也是抓住关键、瞄准靶心、精准发力的重要手段。

☆☆☆☆☆☆☆☆☆☆☆☆☆☆☆☆☆☆☆☆☆☆☆☆

有这样一篇报道，某公司聘请一名专家来做现场技术指导，这位专家在企业负责人和有关管理人员的陪同下，来到生产一线，但不知为何，这位专家迟迟不肯往前走。询问原因才得知，工作人员没给专家佩戴安全帽，这时企业一位经理对专家说："没事，请您放心，现场不危险，并且除了咱们企业的相关人员之外，现场也没有其他领导，所以您不戴安全帽也没事。"专家听了之后，连连摇头："你们怎么能这样做呢？我戴安全帽是为了自己的安全，不是戴给领导看的。"听了这些话，在场的人员都非常尴尬和惭愧，于是企业负责人赶紧让人找来一个安全帽让专家戴上，专家这才开始进场进行技术指导。

☆☆☆☆☆☆☆☆☆☆☆☆☆☆☆☆☆☆☆☆☆☆

上级领导或专家来企业检查、指导生产情况时，佩戴安全帽貌似是一种摆设，但其实并非如此，因为如果这些人员没有佩戴安全帽，就有可能被周围环境中存在的不安全因素所伤害。领导或专家同普通员工一样规范佩戴安全帽，不是做表面文章，而是对自己生命安全的一种必要保护。安全不是面子工程，而是实实在在的工作，需要落实到具体的细节行动上。

企业员工安全习惯的养成，是个"润物细无声"的潜移默化过程，其中的关键点之一是"细"，员工的安全习惯培养，要注重细节管理上做文章。把安全规章从细节处浸润到每个员工的思想和行动中，把规章制度和操作规范真正融入员工的思想意识深处，并转化为一种安全习惯和行动自觉。这就需要企业从大处着眼，从细处着手，关注每一个细节，把规章制度细化分解为若干个小类、小项、小条，一步步地对员工进行教育培训和引导，把"大水漫灌"，变成"精准滴灌"。

企业员工要注重每个细微之处，严格认真、不折不扣地遵守规章，规范履行每个细节程序，该抓的环节要抓到位，一个也不放过；不放心的部位要紧盯住，一点也不放松；容易疏忽的地方要兼顾到，一个漏洞也不留。任何时间、任何地点、任何岗位上都要一丝不苟。只有时时处处从自己身边做起、从小事做起，才能逐步养成良好的安全习惯，改变粗心大意、马马虎虎的坏习惯，营造平安和谐的生产环境。

安全习惯是保证企业发展和个人生命安全的现实需要。在安全习惯的培养上，需要每个人都多一份细心、少一份粗心，凡事想多一点、做细一点，将"关注细节"镌刻在脑海中，把"安全习惯"落实到行动上，为企业发展和个人安全构筑起坚固的"防火墙"。

4. 安全好习惯，是对家人的爱

早上出门上班前，家人暖心地叮嘱："注意安全。"平安下班回到家后，家人准备好了热腾腾的饭菜，孩子扑到你的怀里，一家人享受天伦之乐，这是多么的幸福。

☆☆☆☆☆☆☆☆☆☆☆☆☆☆☆☆☆☆☆☆☆

2019 年 2 月 14 日傍晚，某机械厂工人王某的妻子一直在家门口眺望，都已经快晚上 7 点了，还没看到丈夫回家。拨打王某的手机，也是无法接通。身怀六甲的妻子焦急万分。这时，她的手机突然响了，是厂长打来的。电话那头说："弟妹你别着急，小王在上班时出了点事，受了点伤，正送往医院。"王某妻子一听，当时就瘫软在地上。稍回过神来，她赶紧把电话回过去，问清是哪家医院，就打车赶了过去。来到医院，她看到右腿血肉模糊的丈夫正被推往手术室。

经过紧张抢救，王某虽然保住了性命，但终因伤势过重而失去了右腿。事故起因是他在车间违章操作，导致机械设备砸到了他的右腿上。王某的妻子也因惊吓和悲伤过度导致了流产。

☆☆☆☆☆☆☆☆☆☆☆☆☆☆☆☆☆☆☆☆☆

后来调查发现,王某在平时工作时没有足够的安全意识和习惯,经常为图省事而违章作业,最终为此付出了惨痛的代价。一家人也从此告别了无忧无虑的生活。每个人都是家庭中的一员,自己的安全就是家人的幸福,如果自身的安全无法保证,就势必会给家庭带来不幸和痛苦。

我们常说,安全大如天。安全为了谁?其实安全就是为了所有的企业成员,为了每一个家庭,也是为了企业和社会。

某国有个世界闻名的旅游景点,每年都有数以万计的旅游者慕名而来,在去往景点的路上,有段非常险要崎岖的山路,不到2公里的路段中转弯多达15处,因为太险要,这里经常发生交通事故,人们称这段路为"死亡弯道"。交通运输部门在沿途设立了很多安全警示牌,包括"前方连续弯道,请小心驾驶""这是事故高发路段,请珍爱生命"等,尽管如此,这里仍然事故频发。当交通运输部门对此一筹莫展时,一位老司机找到交通运输部门领导,说他驾龄30年,从未发生过交通事故,甚至连一次违章都没有,并且告诉了交通运输部门领导他的秘诀:"我每次开车时,都有家人陪同。只不过乘客看不到,因为家人时时都在我的心里。"交通运输部门领导深受启发,于是将那段山路上的警示牌换成"别忘了,你的家人在等你安全回家""您的平安是对家人最好的爱"……从那以后,那个路段的交通事故率大幅降低。

当地交通运输部门成功地把人们对家庭的爱有效融入安全生产管理中,唤起了从业人员内心深处的安全意识,大大降低了事故的发生率。因此,爱是促使我们产生安全习惯的巨大动力,并且,很多企业在安全管理中的成功实践，已经充分证明，把爱体现到安全生产和安全管理中，是一个行之有效的管理方法。

爱和被爱是人类最朴素、最本真的情感需求。只有生命安全，才能让爱与被爱时刻围绕在我们身边，这就需要我们时刻注意安全好习惯的培养，在工作中，从行动上，自觉、自愿、自发，主动积极地遵守章程、恪守纪律，勤学安全知识，苦练安全技能，按规程操作，按纪律作业，提高自我的保护意识。自己的安全自己呵护，自己的生命自己珍惜，只有做到这些，把这些意识变成我们的自觉和习惯，安全才会一直相伴身旁，我们才能拥有爱与被爱的权利。

5. 许多大事故源于最初的坏习惯

人们常说："机遇偏爱有准备的头脑。"这句话放在安全生产领域，也有借鉴意义，对于平时能养成良好安全习惯、处处规范操作的人，就更能远离各种事故。而对于那些工作中有很多坏习惯，经常违章的人来说，各种各样的事故就像长了眼睛一样，"偏爱"这部分人，会在某一时刻，给他们带来致命的打击。

许多事故都是因为生产中的坏习惯而造成的。比如，有的女工不想压坏自己刚做的发型，在操作车床时不戴帽子，结果头发被高速旋转的机器卷进；有的年轻人嫌弃工作服笨重，不时尚，穿着自己喜欢的羊毛衫工作，结果在火灾中造成重伤；有的人不喜欢戴安全帽，能不戴就戴，结果有一天被重物砸伤……归根到底，坏习惯源于从业人员漠视安全生产经营的细节。一旦在不知不觉中养成了坏的习惯，就等于给安全生产埋下了一枚枚定时炸弹，积累到一定程度就会爆炸，引发安全事故。

古代"亡羊补牢"的故事，让我们明白了犯错之后应及时补救。但在安全生产中，与其"亡羊补牢"，做事后诸葛亮，不如提前让从业人员养成好的安全习惯，提前做好各种安全防范。因为在安全生产中，无论是企业还是员工个人，都不愿意看到"亡羊"事故的发生。

☆☆☆☆☆☆☆☆☆☆☆☆☆☆☆☆☆☆☆☆☆☆☆

　　2020 年 5 月 11 日，某市轮胎厂第三车间取料机悬臂皮带跑偏，值班车间主任发现后，叫来维修人员范某检修，范某检修时未规范执行检修工作票制度，也未悬挂"正在检修、严禁合闸"警示牌就开始作业。另外一名操作工周某因上班迟到，未发现维修人员正在检修悬臂皮带。他匆匆换完工作服，直接上了取料机，也未在开车前检查机车情况，仅打了一次铃便开车，致使正在维修的范某被卷入皮带受到严重挤压，紧急送医后，因伤势过重不治身亡。

☆☆☆☆☆☆☆☆☆☆☆☆☆☆☆☆☆☆☆☆☆☆☆

　　该起事故的主要原因是检修人员范某未规范执行检修工作票制度，还有操作工周某在操作机车时未进行安全确认。究其深层次的原因就是从业人员对潜在的安全风险预估不充分，没有养成操作之前正确辨识危险源的习惯，从而形成了麻痹性思想，贸然行事，导致安全事故发生。在安全生产中，很多令人痛心的安全事故，都源于员工的坏习惯。因此，养成良好的安全习惯，是保障安全生产的重要前提，需要从以下几方面做出努力。

　　要端正工作态度。工作态度是影响安全习惯的重要因素，员工没有端正的工作态度，就难以养成良好的安全习惯。企业员工要认识到安全的事情无大小，不要以为一件事情、一项工作看似微乎其微，就漫不经心，更不要认为一次疏忽，一次失误不会影响什么而一犯再犯，最终让小错误酿成大祸。安全生产需要企业员工有端正的工作态度，无论做哪份工作，都要将安全铭记在心，落实于行动。

管理者当好榜样。正所谓"上行下效"，企业管理者应该率先垂范，在安全习惯的养成方面，成为员工的榜样。企业管理者要通过自己努力，给员工留下有才能、守规矩、做事严谨、规范认真的好印象，让员工在管理者的亲自示范、跟踪帮助、鼓励引导的过程中，认识到自身的缺点和不足，从而逐步改正不良习惯。

要经常总结反思。曾子说："吾日三省吾身。"意思是说我每天都要多次反思。反思总结，有助于我们总结成绩、查找问题、分析原因、改进提升。每天工作完成后，我们要静下来思考一下，自己哪些事做得恰当规范，哪些地方做得不到位，原因是什么，需要怎么改进提高。尤其是当自己身边发生安全事故时，更需要深刻反思总结，吸取教训，采取有力措施整改，避免今后再发生同样的悲剧。